R 해양 빅데이터 분석

R Ocean Big Data Analysis

변상신 지음

도서출판 청람

이 책에 사용된 R 스크립트 및 예제 데이터는
다음 사이트에서 확인할 수 있습니다.
https://github.com/ssbyun/data

| 머리말 |

해군사관학교에서 해군 장교가 되려면 바다를 잘 알아야 한다는 막연한 생각으로 해양학 전공을 선택하였습니다. 이후 실무 경험을 하던 중 군에서 주어지는 위탁교육이라는 기회로 석사와 박사과정까지 해양학을 지속적으로 공부할 수 있었습니다. 박사 학위를 받고 난 뒤에는 학문적 지식을 어떻게 현장에 적용할 수 있을까? 라는 의문을 항상 갖고 있었습니다. 그래서 해양정보단 대잠분석평가과장으로 근무할 때에는 해양환경이 잠수함 탐지에 미치는 영향을 집중적으로 분석하여 전파 · 교육하였고, 2급함 함장 보직 시에는 학문적 지식에 기반하여 장비를 운용하고 실제 작전에 적용해보는 등 정말 소중한 경험을 하였습니다.

학생 신분으로 공부를 하며 항상 아쉬웠던 부분은 이것을 왜 배우는지, 이 지식이 어디에 쓰일 수 있는지를 알지 못해 좀 더 심도 깊은 공부를 하지 못했다는 것입니다. 그러나 관련 지식들을 추후 활용하게 되는 날이 왔을 때 비로소 "아! 이게 여기에 쓰이는 것이었구나! 이럴 줄 알았다면 좀 더 집중하고, 좀 더 기억해 둘걸!" 하고 후회했던 적이 많았습니다. 그러던 중 운이 좋게도 해군사관학교 해양학과 교수라는 기회를 얻게 되어 수업 시간에 학습하는 내용이 일상생활과 실무에 어떻게 활용될 수 있는지를 사관생도들에게 가르쳐 줄 수 있어 너무도 감사한 마음으로 교육을 하고 있습니다.

더불어 이 책을 쓰게 된 동기는 해양학을 전공하는 학생들 누구에게나 "흥미롭고, 또한 쉽고 빠르게" 다양한 해양 자료를 처리하고 가시화해 볼 수 있는 기회를 주고 싶었기 때문입니다. 코딩을 처음 접하게 되면 누구나 울렁증이 생기고 어렵게 느껴지는 것은 당연할 것입니다. 더욱이 기초부터 차근차근 공부하자는 마음으로 마치 백과사전과 같은 책으로 시작하다 보면 그림 한 장 제대로 그려보지도 못하고 이내 지쳐 포기하기 십상입니다. 저 또한 그런 경험을 해보았기에 어떻게 하면 쉽고 빠르게 코딩을 익힐 수 있을까?를 고민하던 중 이 책을 펴내게 되었습니다. 책을 따라 하다 보면 누구나 빠른 시간 내에 다양한 데이터를 효과적으로 처리할 수 있는 능력을 갖게 될 것입니다. 그러한 과정을 통해 R에 익숙해지면 본인이 부족한 점과 좀 더 궁금한 것, 그리고 좀 더 알고 싶은 것들이 자연스레 나타나게 됩니다. 이때 그런 부분을 스스로 찾아 공부하게 된다면 훨씬 효과적으로 본인의 실력을 향상할 수 있게 될 것입니다.

이 책은 해양학을 전공하는 학부생과 대학원생뿐만 아니라 다른 전공자, 그리고 일반인들에게도 활용될 수 있으므로 여러분들에게 많은 도움이 되기를 기대해봅니다.

2023년 1월

변상신

| 차례 |

Lecture 01

소개 및 R Studio 설치

왜 "R"인가?

▶ 데이터 분석에 사용하는 프로그래밍 언어는 C, C++, Matlab, Python 등 다양하다. R은 통계 학자들에 의해 만들어졌기 때문에 통계 분석 기능이 우수하고 강력한 그래프 시각화 기능을 보유하고 있어 연구와 분석 목적의 업무에 유용하다. 무엇보다 오픈소스 코드이므로 누구나 무료로 쉽게 사용할 수 있다.

▶ R은 뉴질랜드 통계학 교수인 Robert Gentleman과 Ross Ihaka에 의해 1990년 초에 개발되었다. 개발자인 두 사람의 이름이 R로 시작하기 때문에 이름을 R로 붙였다고 알려져 있다.

R 프로그램 설치하기

01 아래 사이트에 접속하여 순서대로 파일 다운로드 후 설치

https://cran.biodisk.org/

윈도우즈용 설치(32/64bit-확인, 관리자 권한/영문으로 설치)

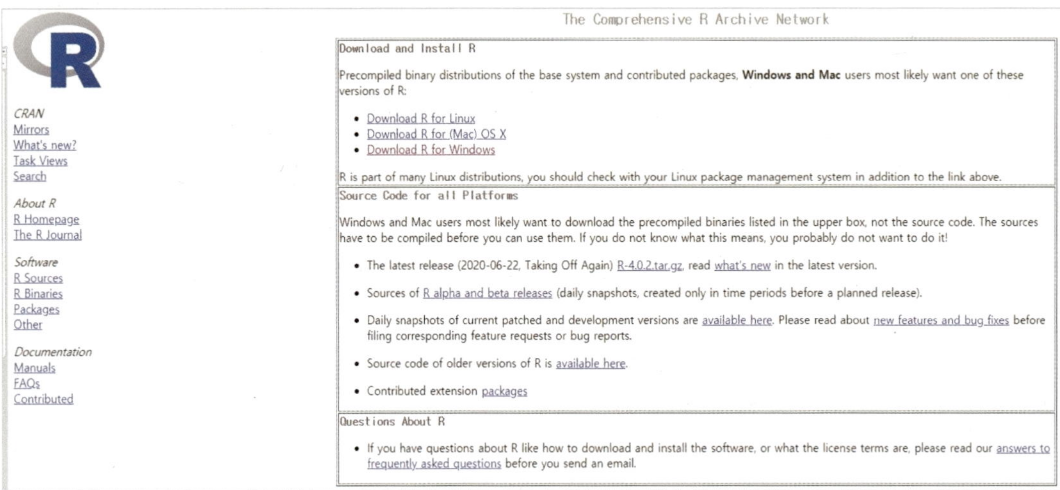

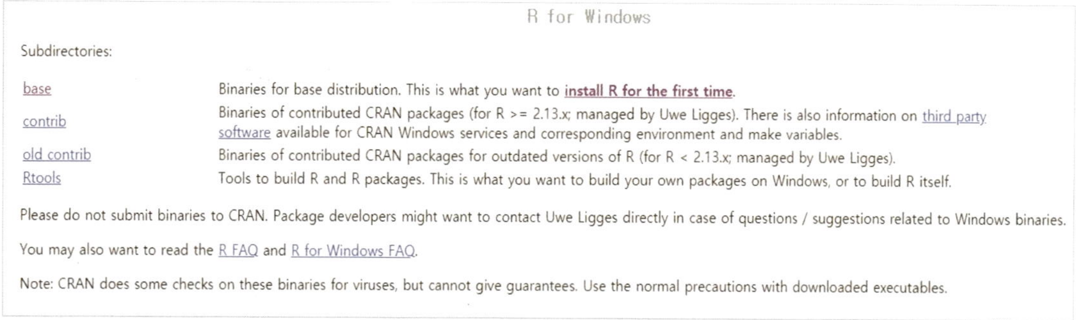
R for Windows

Subdirectories:

base	Binaries for base distribution. This is what you want to install R for the first time.
contrib	Binaries of contributed CRAN packages (for R >= 2.13.x; managed by Uwe Ligges). There is also information on third party software available for CRAN Windows services and corresponding environment and make variables.
old contrib	Binaries of contributed CRAN packages for outdated versions of R (for R < 2.13.x; managed by Uwe Ligges).
Rtools	Tools to build R and R packages. This is what you want to build your own packages on Windows, or to build R itself.

Please do not submit binaries to CRAN. Package developers might want to contact Uwe Ligges directly in case of questions / suggestions related to Windows binaries.

You may also want to read the R FAQ and R for Windows FAQ.

Note: CRAN does some checks on these binaries for viruses, but cannot give guarantees. Use the normal precautions with downloaded executables.

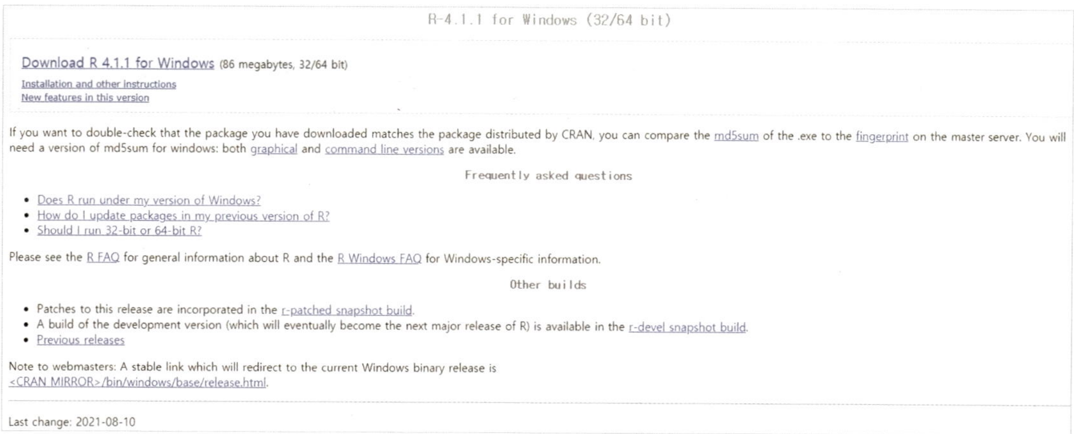
R-4.1.1 for Windows (32/64 bit)

Download R 4.1.1 for Windows (86 megabytes, 32/64 bit)
Installation and other instructions
New features in this version

If you want to double-check that the package you have downloaded matches the package distributed by CRAN, you can compare the md5sum of the .exe to the fingerprint on the master server. You will need a version of md5sum for windows: both graphical and command line versions are available.

Frequently asked questions

- Does R run under my version of Windows?
- How do I update packages in my previous version of R?
- Should I run 32-bit or 64-bit R?

Please see the R FAQ for general information about R and the R Windows FAQ for Windows-specific information.

Other builds

- Patches to this release are incorporated in the r-patched snapshot build.
- A build of the development version (which will eventually become the next major release of R) is available in the r-devel snapshot build.
- Previous releases

Note to webmasters: A stable link which will redirect to the current Windows binary release is
<CRAN MIRROR>/bin/windows/base/release.html.

Last change: 2021-08-10

02 R-4.x.x-win.exe(최신버전) 다운로드 후 "오른쪽 마우스 클릭"
"관리자 권한으로 실행"을 눌러 설치(원활한 작동을 위해 관리자 권한 필요)

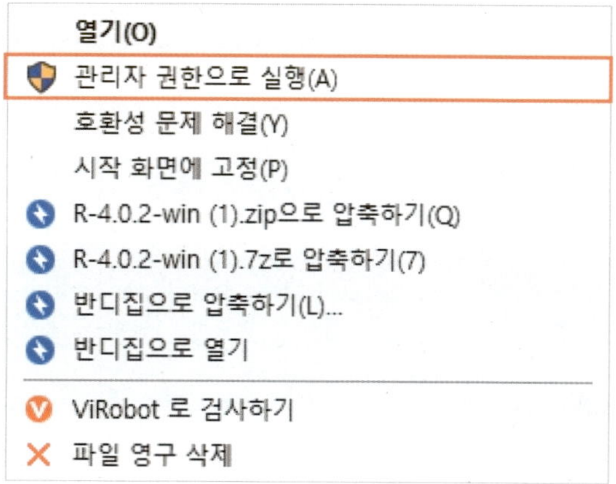

> **주의 |** 관리자 권한으로 설치하지 않을시 package 다운로드가 되지 않는 등 여러 문제가 발생할 우려가 있음. 관리자 권한 설치 권장

03 설치 언어는 “English” 선택
이후 사전 설정된 항목 변경없이 끝까지 설치

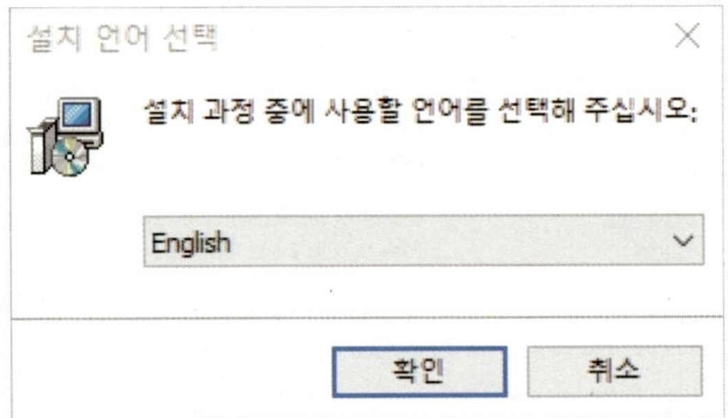

04 R script 편집 및 용이한 실행을 위한 RStudio Desktop용 설치
https://rstudio.com/products/rstudio/

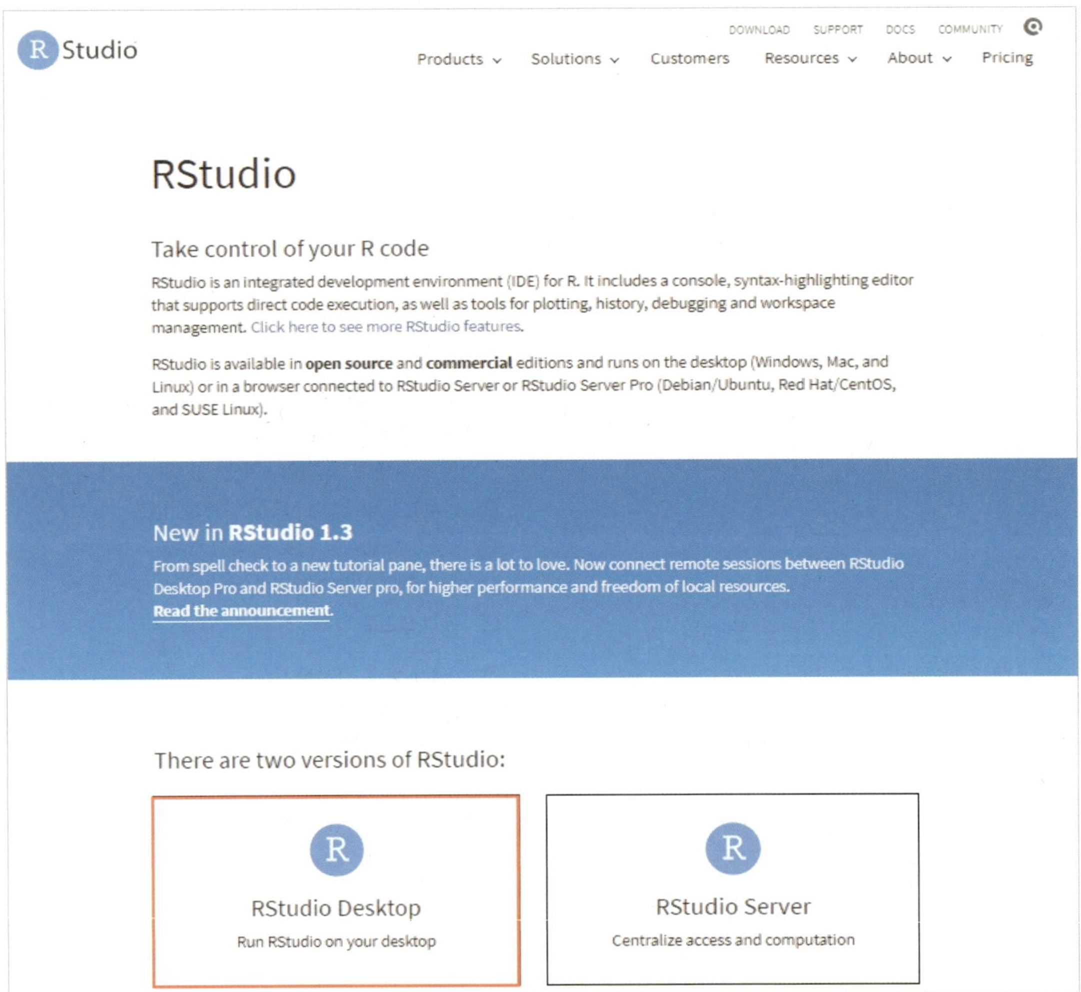

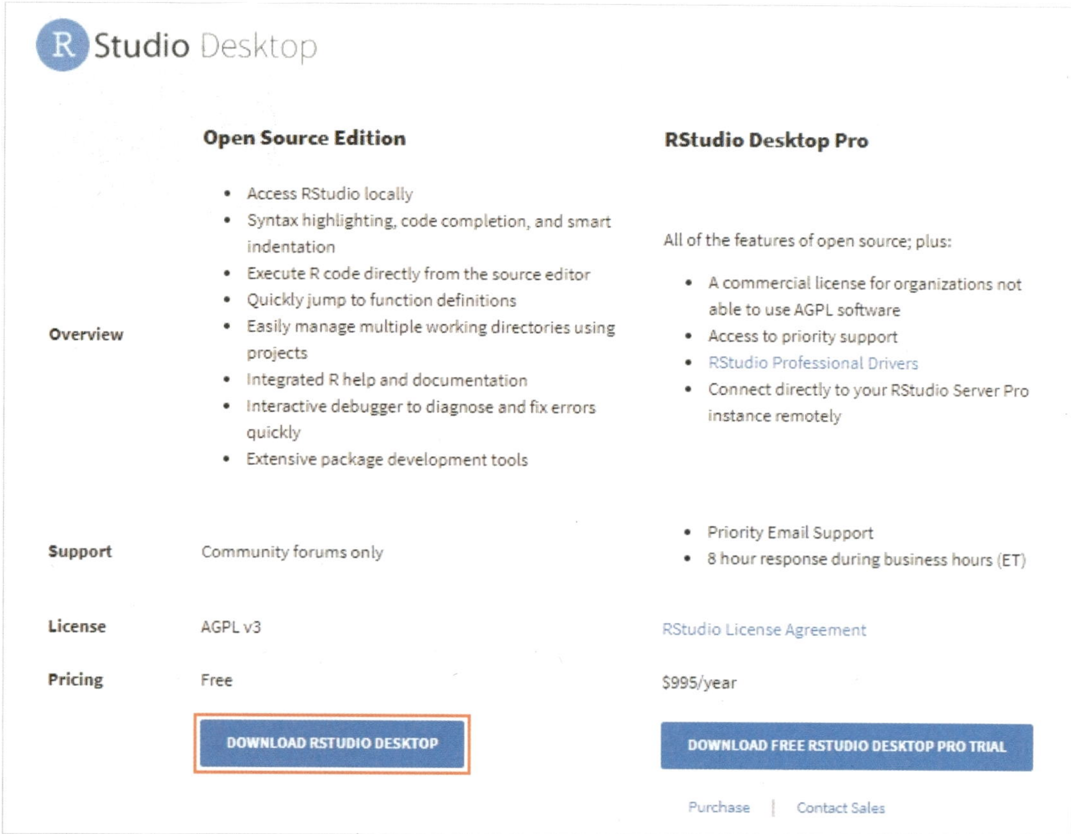
R Studio Desktop
Open Source Edition
RStudio Desktop Pro
Overview
Access RStudio locally
Syntax highlighting, code completion, and smart indentation
Execute R code directly from the source editor
Quickly jump to function definitions
Easily manage multiple working directories using projects
Integrated R help and documentation
Interactive debugger to diagnose and fix errors quickly
Extensive package development tools
All of the features of open source; plus:
A commercial license for organizations not able to use AGPL software
Access to priority support
RStudio Professional Drivers
Connect directly to your RStudio Server Pro instance remotely
Support
Community forums only
Priority Email Support
8 hour response during business hours (ET)
License
AGPL v3
RStudio License Agreement
Pricing
Free
$995/year
DOWNLOAD RSTUDIO DESKTOP
DOWNLOAD FREE RSTUDIO DESKTOP PRO TRIAL
Purchase | Contact Sales

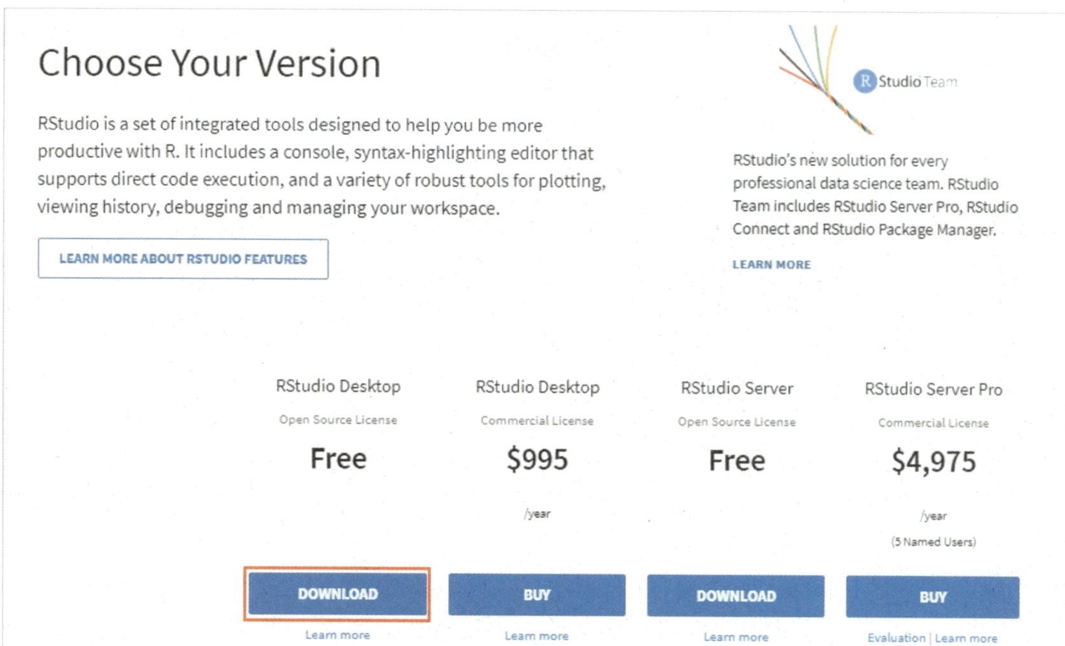
Choose Your Version
RStudio is a set of integrated tools designed to help you be more productive with R. It includes a console, syntax-highlighting editor that supports direct code execution, and a variety of robust tools for plotting, viewing history, debugging and managing your workspace.
LEARN MORE ABOUT RSTUDIO FEATURES
R Studio Team
RStudio's new solution for every professional data science team. RStudio Team includes RStudio Server Pro, RStudio Connect and RStudio Package Manager.
LEARN MORE
RStudio Desktop
Open Source License
Free
DOWNLOAD
Learn more
RStudio Desktop
Commercial License
$995
/year
BUY
Learn more
RStudio Server
Open Source License
Free
DOWNLOAD
Learn more
RStudio Server Pro
Commercial License
$4,975
/year
(5 Named Users)
BUY
Evaluation | Learn more

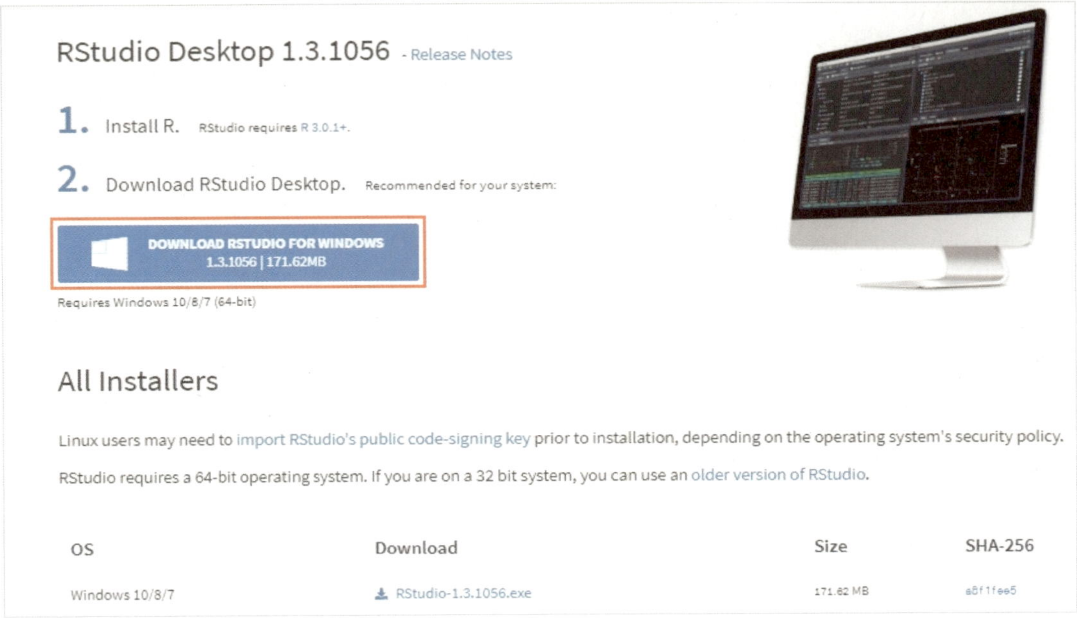

05 RStudio-1.3.1056.exe 다운로드가 완료되면 "오른쪽 마우스 클릭" "관리자 권한"으로 설치
(업데이트가 지속되고 있으므로 최신 버전을 다운로드 후 설치)

06 빠른 실행을 위해 RStudio 아이콘을 마우스로 끌어 바탕화면으로 이동

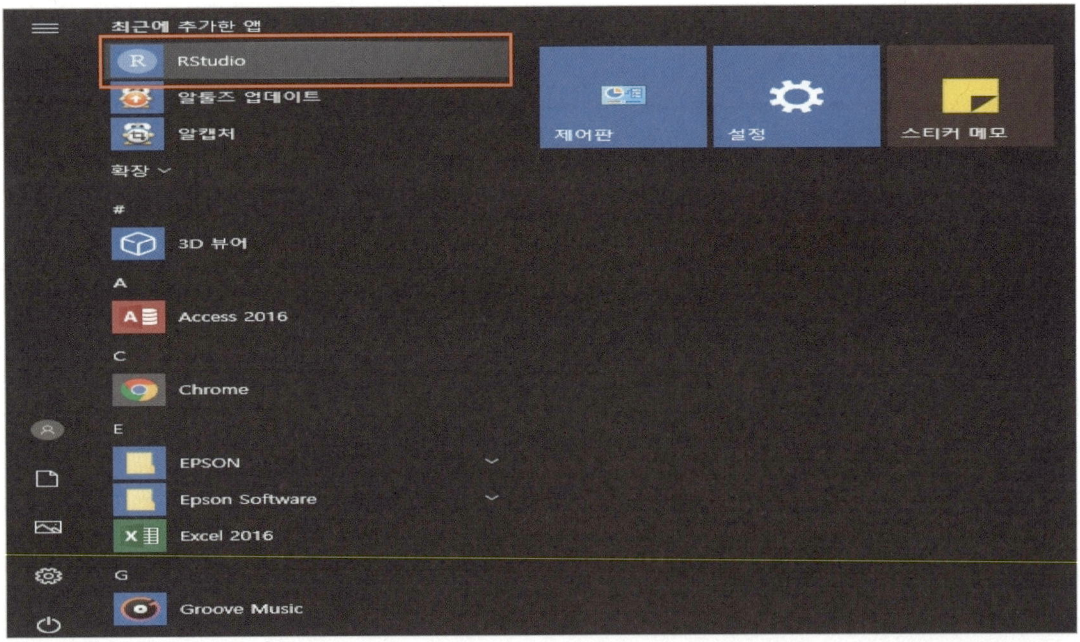

07 RStudio 화면설정

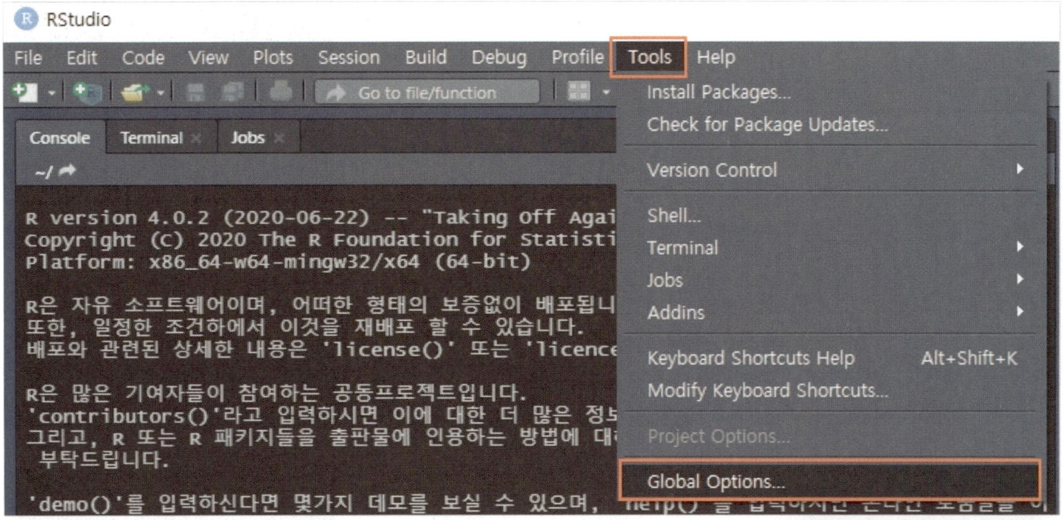

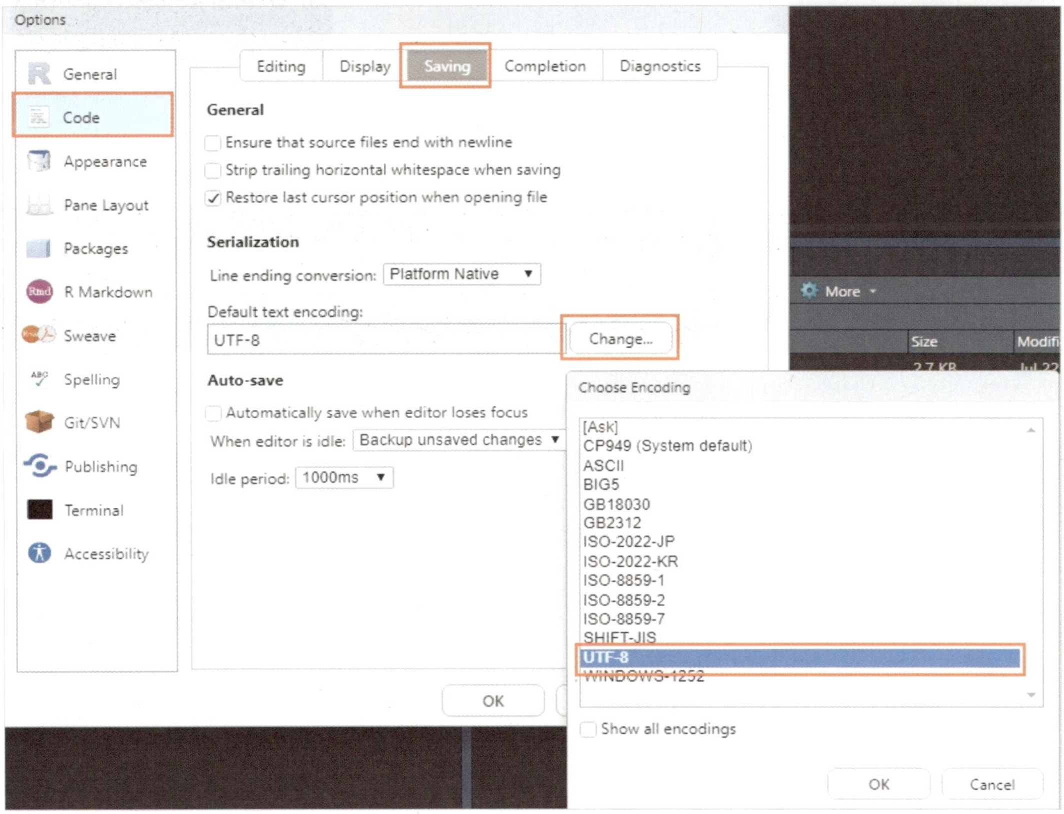

08 RStudio 바탕색 설정

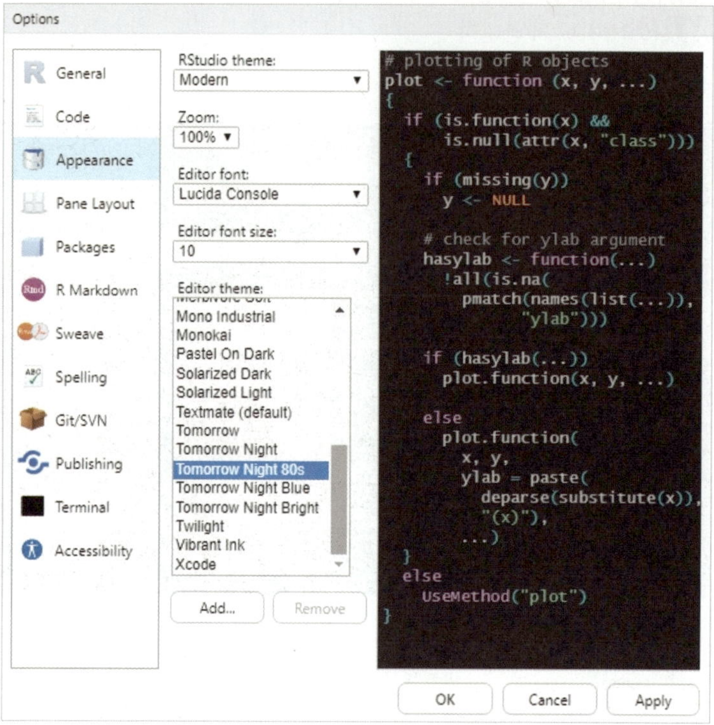

09 작업 폴더 생성 : 가능한 폴더명을 영어로 설정

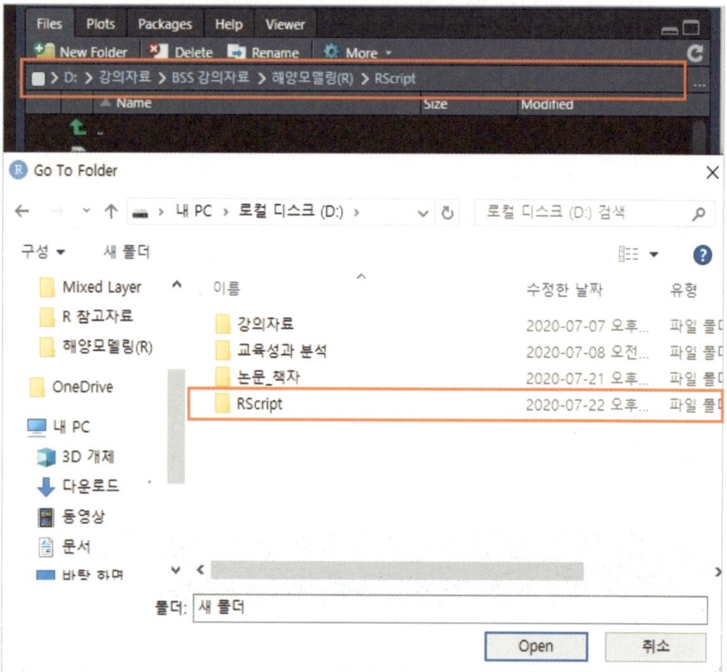

10 Working Directory 설정

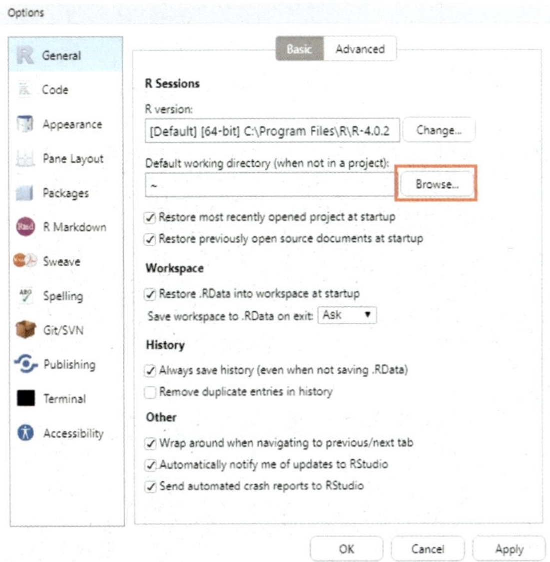

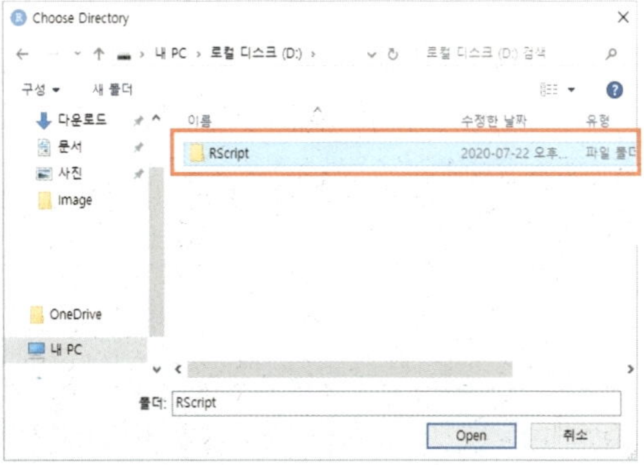

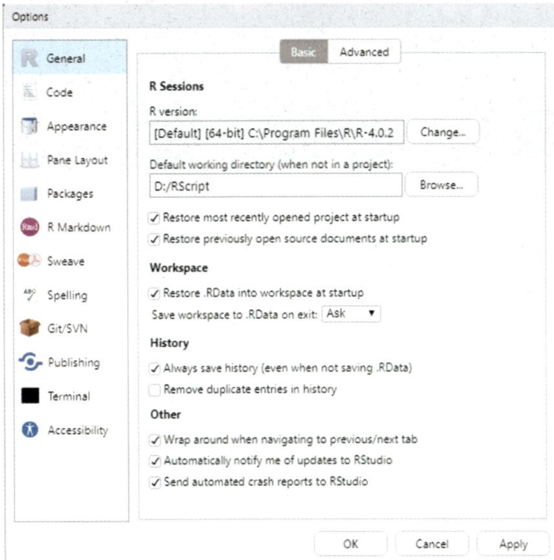

11 설정완료 후 RStudio를 다시 실행하면 설정된 Directory가 default 경로로 나타난다.

- 경로확인 : getwd()
- 경로변경 : setwd("D:/New") – setwd("D:/RScript")

D drive에 "RScript", "New" 폴더 생성 후 상호 변환되는지 확인해본다.

12 화면 설명

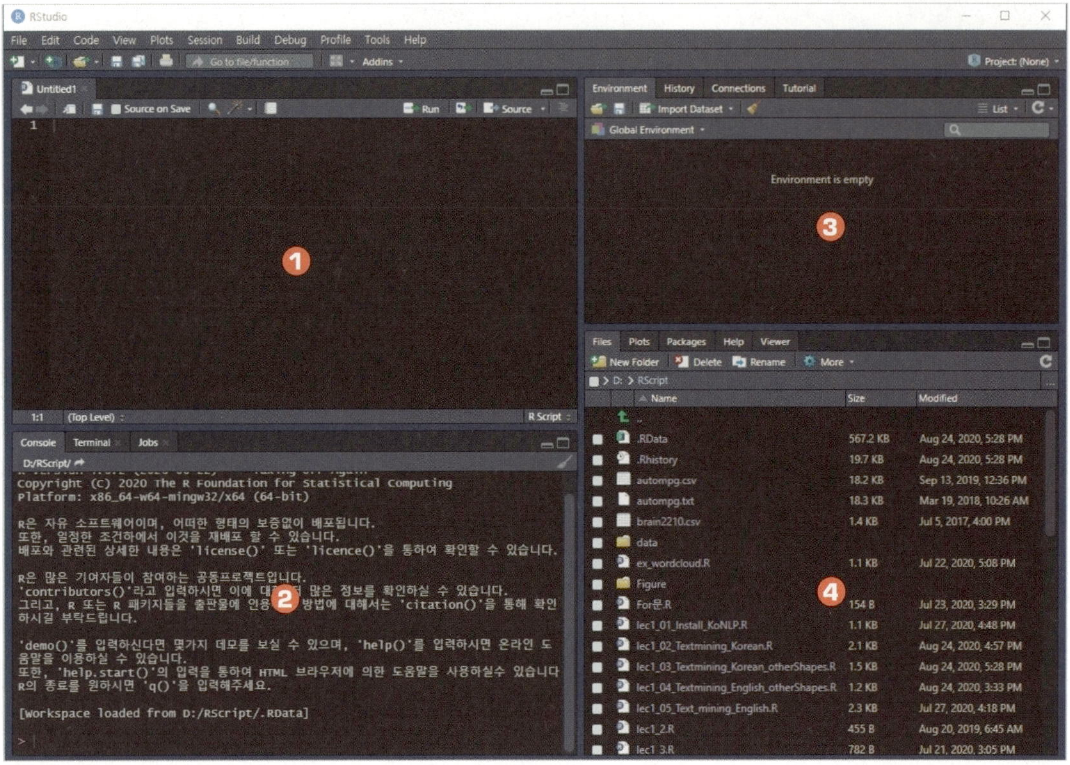

❶ Script 창 : 실행할 코드를 작성하고 저장하는 창이다.

❷-1 Console 창 : 명령어를 바로 실행할 수 있는 창이다.
또한, Script 창에서 실행한 코드 및 결과, 오류 메시지 등이 Console 창에 전시된다.

❷-2 Terminal 창 : Terminal 탭을 클릭하면 해당 화면을 볼 수 있다. 명령을 입력하여 윈도우와 같은 운영체제를 직접 제어하는 창인데, 사용할 일은 거의 없다.

❸-1 Environment 창 : 처리 중인 데이터 이름과 데이터 값 등을 확인할 수 있는 창이다.

❸-2 History 창 : RStudio에서 실행한 코드, 결과, 패키지 설치, 오류 등 일련의 작업 과정을 확인할 수 있다.

❸-3 Connection 창 : R과 데이터베이스 서버를 연결하는 창이다. 별도로 활용할 일은 거의 없다.

❹-1 Files 창 : 윈도우의 파일 탐색기와 유사한 기능을 수행한다.

❹-2 Plots 창 : R 코드를 실행하여 그린 그래프나 그림 등을 전시하는 창이다.

❹-3 Packages 창 : 설치된 패키지 목록을 표시하는 창이다.

❹-4 Help 창 : R 사용 중 필요한 도움말을 확인할 수 있는 창이다.

13 스크립트 만들기 및 실행

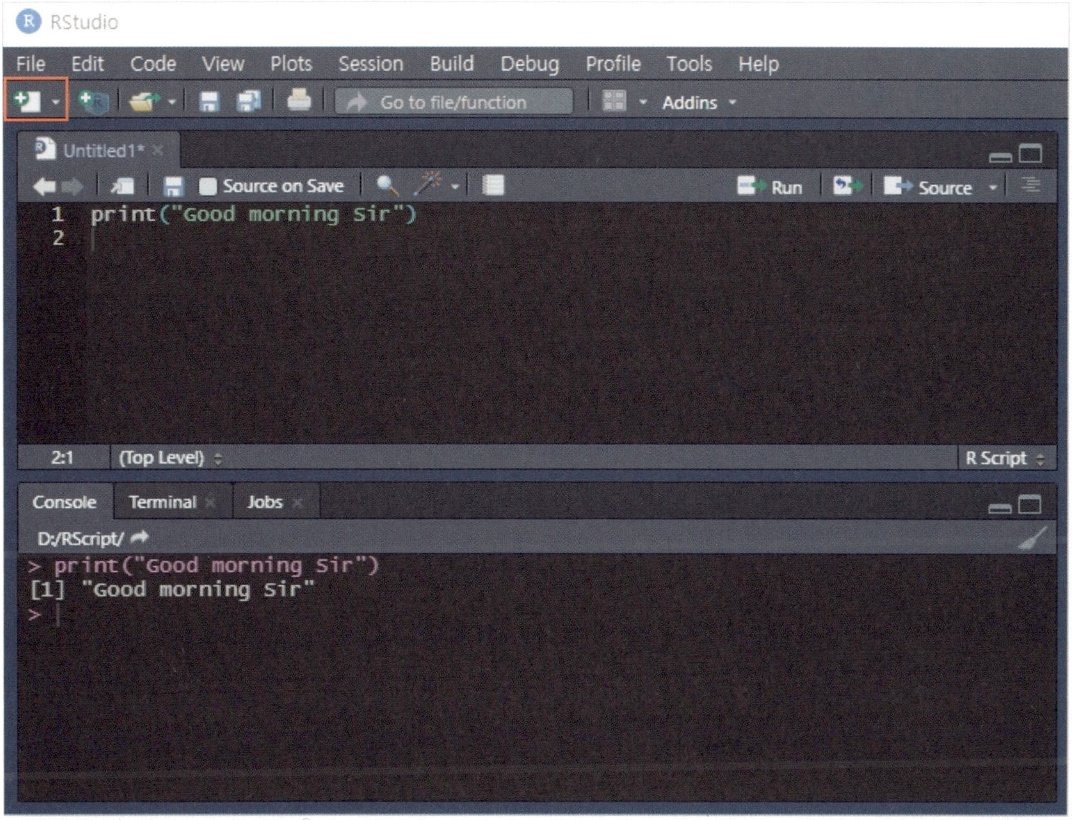

- Script 창에서 새문서("Untitled1")를 선택 후 print("Good morning sir")를 작성해본다.
- 해당 코드가 작성된 줄에서 Ctrl + Enter를 누르면 Console 창에 "Good morning sir"가 출력됨을 확인할 수 있다.
- Console 창에서 바로 해당 명령을 실행해도 동일한 결과를 얻을 수 있다. 그러나 여러 명령을 한번에 작성하고 편집을 용이하게 하기 위해 Script를 활용하는 것이 필요하다.

코드실행 방법

- 한 줄만 실행 : 해당 라인에 커서를 옮긴 후 Crtl + Enter
- 여러 줄 실행 : 실행할 코드 블록 선택 후 Ctrl + Enter
- 현재 Script 창의 모든 명령 실행 : Ctrl + Alt + R
- 마지막 명령 다시 실행 : Console 창에서 Ctrl + Shift + P

Lecture 02

R 기본 명령어와 간단한 계산

기본 명령어

명령어	설명
setwd()	작업 디렉토리를 설정 ex) `setwd("D:/RScript")`
getwd()	현재 작업 중인 디렉토리 확인
ls()	작업폴더 내 생성된 리스트 확인
q()	R Studio 프로그램을 종료
help()	특정 함수를 어떻게 쓰는지 알고 싶을 때 사용 ex) `help("mean")` help 대신 ? 사용 가능 ex) `? mean`
example()	명령어의 예제를 확인 ex) `example("plot")`
demo()	명령어의 예시를 볼 수 있음 ex) `demo(persp)` * persp : perspective plot * help("persp")로 persp에 대해 알아볼 수 있다.
data()	R에 내장되어 있는 자료를 불러옴. data()로 내장된 목록을 확인해볼 수 있는데, 알파벳 순으로(A~W) 많은 자료가 확인된다. AirPassengers 데이터는 아래와 같이 불러올 수 있다. ex) `data("AirPassengers")` * Monthly Airline Passenger Numbers 1949-1960
history()	최근에 사용된 명령목록 출력

변수의 유형 및 소수점 이하 숫자 변환

R 변수 유형 및 소수점 이하 숫자 변환	
numeric	실수
integer	정수
character	문자
logical	논리형
class()	데이터의 유형 확인
NA	결측값을 의미 ※ NaN : Not a Number(산술 계산이 불가능한 것)
is.integer(), is.character(), is.numeric()	정수, 문자, 실수가 맞는지 확인
floor	소수점 이하 버림 ex) floor(3.7) → 3
ceiling	소수점 이하 올림 ex) ceiling(3.1) → 4
round	소수점 이하 반올림 ex) round(3.6) → 4

기본계산 명령어

① 기본 연산	
+	더하기
-	빼기
*	곱하기
/	나누기
^	제곱
%%	나머지
%/%	몫

② 비교 연산	
<	작다
>	크다
<=	같거나 작다
>=	같거나 크다
==	같다
!=	다르다

③ 수학 함수	
sqrt(x)	x의 제곱근
abs(x)	x의 절대값
log(x)	자연로그(e)이고 진수가 x
log10(x)	상용로그이고 진수가 x
factorial(x)	x!
mean(x)	평균
sum(x)	합계
max(x)	최댓값
min(x)	최솟값

간단한 계산 실행

▶ 기본 계산 명령어를 활용하여 아래와 같은 다양한 계산을 수행해본다.

실행 명령

```
# print any text
print("Good morning sir~!")
print("Hello my friends~^^")
print("This Class is Ocean Modeling!")
print("수업하기 너무 싫어요.ㅠㅠ")

# Basic Calculation 1
1+3
2*2
5/3
7%%5
7%/%5

# Basic Calculation 2
2 < 5
2 > 5
3 >= 3
3 >= 2
3 >= 5

a=5
b=6
c=3

b != c
b == c

ans1 = a^2
ans1

ans2 = sqrt(a)
ans2

ans3 = sum(a, b)
ans3

ans4 = max(a,b)
ans4

ans = a*b
ans <- a*b
ans
```

```
# Basic operations

  x2<-c(1,4,9)
  sqrt(x2)
  min(x2)
  max(x2)
  mean(x2)

  y2=2+x2

  plot(x2)

  plot(x2, y2)


  # functions

  log10(10)
  log(10)
  exp(10)

  sin(90)         # not radian

  sin(90*pi/180)   # radian
  sin(pi/2)

  # list
  ls()

  # remove object
  rm(x1)

  # change to lower or upper case

  c1 <- "MiXeD cAsE 123"
  tolower(c1)
  toupper(c1)
```

▶ 위에서 # 표시 다음에는 명령으로 인식하지 않기 때문에 필요한 comment를 어느 위치에서든 표시할 수 있다.

▶ R에서 변수에 할당하는 기호는 화살표 "<-"를 사용하므로 앞으로는 "=" 대신 화살표를 사용하도록 한다. 단, 최근 버전에서 "<-"와 "=" 기호를 혼용할 수 있도록 허용하고 있으니 참고 바란다.

간단한 직선 그래프 그리기

▶ R을 따라하다 보면 점점 지루해지기도 하고, 차근차근 따라 하기에는 마음이 급해져 금방 포기하는 경우도 생긴다. 지금쯤이면 누구나 빨리 그래프 또는 다른 그림을 그려보고 싶은 생각이 들 것이다. 따라서 좀 더 흥미를 갖고 학습을 이어갈 수 있도록 간단한 시각화를 먼저 해보기로 한다.

▶ 그래프 그리기

Example

```
x2 <- c(1,4,9)
y2 <- 2+x2

plot(x2, y2)
plot(x2, y2, type="o", col="red", xlab="X",
     ylab="Y",
     main="Example")

boxplot(x2)
barplot(x2)
```

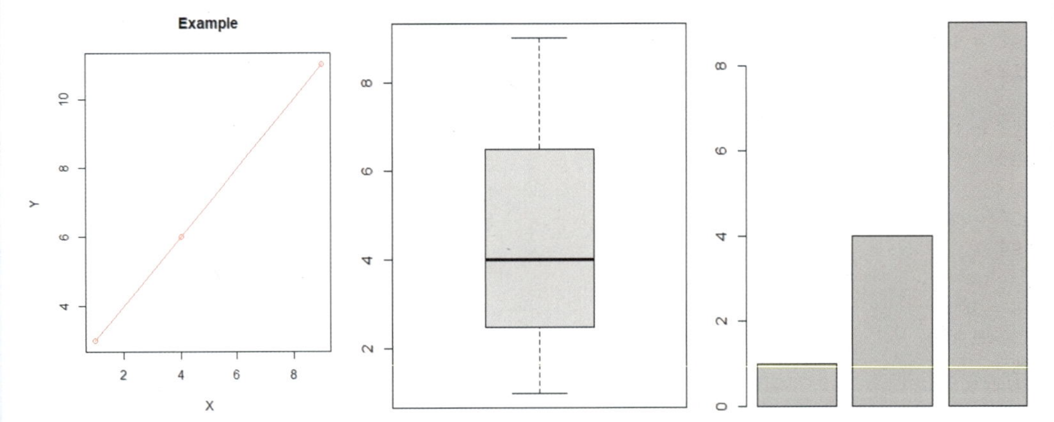

- 위에서 c는 combine(합치다)는 명령어로 원하는 숫자나 문자를 vector 형식으로 변수에 할당할 수 있다.
- plot 함수의 세부명령 활용을 위해서는 help("plot") 명령을 실행하여 도움말 창의 내용을 참고할 수 있다. 위에서 type은 p(points), l(lines) 등을 선택하는 것인데, o는 직선과 point를 겹쳐 그리는 옵션이다. 또 col(color), xlab은 x축 label, ylab은 y축 label, main은 제목을 넣는 옵션이다.
- barplot은 최소, 최대, 중앙값을 표시해주는 그림을 그려주며 boxplot은 막대 그래프를 그려주는 함수이다.

Lecture 03

다양한 형식의 데이터 읽기와 나만의 함수 만들기

R은 다양한 데이터를 읽고 출력할 수 있다. 이번 강좌에서는 여러 데이터의 형식과 이를 읽는 방법에 대해 알아볼 것이다.

데이터 형식

▶ CSV(Comma-Seperated Value) : 쉼표(,)를 이용하여 데이터 요소를 구분하는 형식이다.

- 읽는 방법 : `read.csv()`

▶ Table 형식의 데이터 : 가장 보편적인 형식으로, 각 라인은 하나의 레코드(record)로 구성되며 각 레코드 안에는 공백, 탭, 콜론, 쉼표 등과 같은 구분자(delimiter)로 구별된다.

- 읽는 방법 : `read.table()`

▶ 데이터의 구조가 복잡하거나 불규칙적인 데이터 : 데이터가 항상 위와 같이 정형화되어 있지는 않을 수 있다. 이럴 경우 읽어들이는 방법은 아래와 같다.

- 읽는 방법 : `readLines()`, `scan()`

  ※ `scan()` 함수가 `readLines()`보다 더 풍부한 기능을 제공한다.

▶ 엑셀(Excel) 파일 : 엑셀 파일로부터 데이터를 읽어들이기 위해서는 별도의 패키지(readxl)가 필요하다.

- 읽는 방법 : `> library(readxl)`, `> read_excel()`

데이터 읽기

▶ 앞서 언급한 여러 형식의 데이터를 읽는 방법을 소개하기에 앞서 흔히 사용하는 Copy and Paste 방식으로 데이터를 옮기는 클립보드(clipboard)를 이용한 데이터 입력 방법에 대해 먼저 알아보기로 하자.

- 읽는 방법 : `readClipboard()`

▶ 아래와 같은 데이터를 복사한 클립보드로부터 데이터를 읽어보도록 하자.

	A	B	C	D
1	이름	점수	학점	
2	김학생	100	A+	
3	나학생	89	B+	
4	박학생	75	C0	

```
> readClipboard()

[1] "이름\t점수\t학점" "김학생\t100\tA+"  "나학생\t89\tB+"   "박학생\t75\tC0"
```

01 readClipboard() 함수를 이용하여 호출하면 화면상 엑셀에 포함되어 있지 않던 새로운 문자(\t)가 출력됨을 확인할 수 있다. 즉, 여기서 \t라는 구분자에 의해 데이터가 분리되어 있다는 것인데, \t는 탭(tab) 키를 의미한다. 따라서 이러한 구분자가 있을 때 테이블 형식으로 변환하기 위해서는 아래와 같은 방법을 사용하면 된다.

```
> read.table(file="clipboard", sep="\t", header=TRUE)

    이름  점수  학점
1 김학생  100    A+
2 나학생   89    B+
3 박학생   75    C0
```

02 header=FALSE일 경우 열의 이름을 R에서 임의로 출력(V1, V2, V3)해준다.

```
> read.table(file="clipboard", sep="\t", header=FALSE)
      V1    V2    V3
    이름  점수  학점
1 김학생  100    A+
2 나학생   89    B+
3 박학생   75    C0
```

03 아래와 같이 "file="은 생략해도 동일한 결과가 출력된다.

```
> read.table("clipboard", sep="\t", header=TRUE)

    이름  점수  학점
1 김학생  100   A+
2 나학생   89   B+
3 박학생   75   C0
```

▶ 지금부터 사용될 파일은 https://github.com/ssbyun/data에 저장되어 있으므로 아래와 같은 방법으로 파일 전체를 다운로드받아 활용할 수 있다. 더불어 각 파일 링크 주소도 표시할 예정인데, R에서 이 주소를 이용하여 데이터를 바로 불러올 수도 있다. 해당 방법은 이 장의 제일 마지막에서 알아보도록 하겠다.

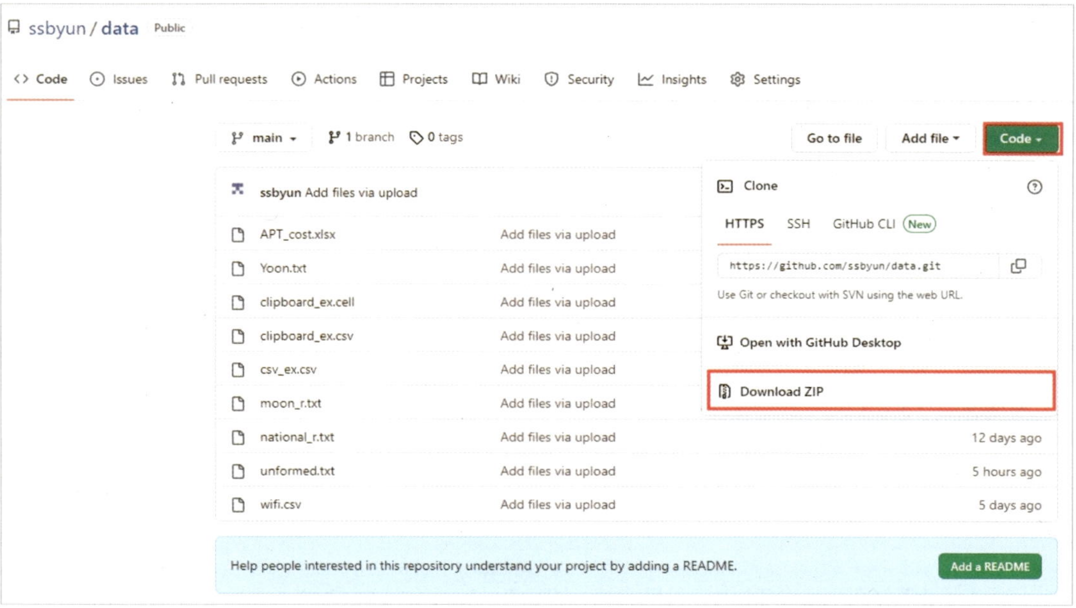

▶ 위의 clipboard에 사용된 데이터를 그대로 CSV 형식으로 저장하여 사용해보자.

- 파일위치 : https://github.com/ssbyun/data
- 파일링크 : https://raw.githubusercontent.com/ssbyun/data/main/clipboard_ex.csv

```
> cdata <- read.table("clipboard", sep="\t", header=TRUE)

> write.csv(cdata,"csv_ex.csv")        # csv 파일로 출력하는 명령
```

01 R에서 주석을 추가할 때 위와 같이 # 기호를 사용한다. 즉, #으로 시작하는 라인은 데이터로 인식하지 않으며, 명령어 옆에 #으로 설명을 추가할 수도 있다.

02 read.csv() 함수로 읽어들여 출력한 화면은 다음과 같다. 별도 지정을 하지 않는 한 CSV 파일에는 헤더가 포함되어 있다고 가정되며(header=TRUE), 각 데이터 항목은 쉼표로 구분(sep=",")되어 있다고 가정된다. 아래 출력화면에서 첫 번째 열 이름이 X로 표시된 부분은 열 이름이 지정되어 있지 않다는 의미이다.

```
> read.csv("csv_ex.csv")

  X   이름 점수 학점
1 1 김학생 100   A+
2 2 나학생  89   B+
3 3 박학생  75   C0
```

03 edit() 함수로 테이블을 열어 열 이름을 아래와 같이 변경할 수도 있다.

```
> cdata_r <- edit(read.csv("csv_ex.csv"))
```

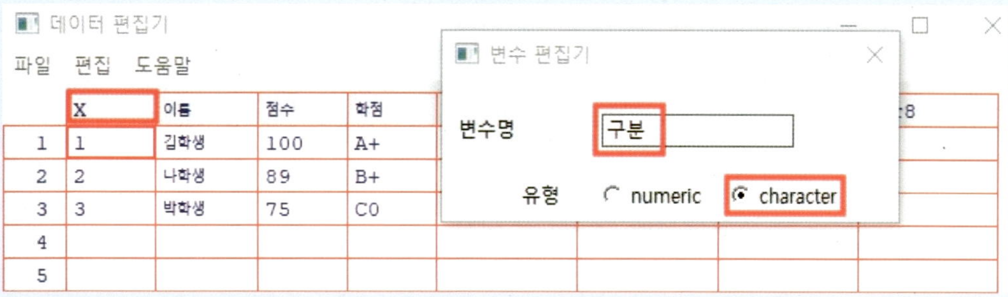

04 데이터를 출력하면 아래와 같이 열 이름이 변경되어 있는 것을 확인할 수 있다.

```
> cdata_r

  구분   이름 점수 학점
1    1 김학생 100   A+
2    2 나학생  89   B+
3    3 박학생  75   C0
```

▶ 데이터가 일정한 형식을 갖춘 형태일 경우에는 앞서 살펴본 바와 같이 `read.table()`, `read.csv()` 등의 함수로 읽어들일 수 있다. 그러나 데이터의 구조가 일정하지 않고 복잡할 경우에는 다른 함수를 써야 한다. 이때는 `readLines()` 또는 `scan()` 함수가 유용하다.

- 읽는 방법 : `readLines()`, `scan()`

▶ 아래의 불규칙한 형식의 파일을 읽어보도록 하자.

- 파일위치 : https://github.com/ssbyun/data
- 파일링크 : https://raw.githubusercontent.com/ssbyun/data/main/unformed.txt

```
# 일정한 규칙이 없는 데이터

2022-08-17  09:30  빌게이츠, 최태원, 최창원 함께 만났다. "넥스트 팬데믹..."
윤 대통령, '담대한 구상' 제안... '비핵화 초기'부터 '자원-식량' 교환
2022-08-18  10:00  오늘의 뉴스
2030-09-01  한국의 달 탐사 가시화
```

01 readLines 명령어로 파일을 읽어보면 아래와 같다.

```
> readLines("unformed.txt")

[1] "# <ec>씩<ec>절<ed>븳 洹쒖튃<ec>씠 <ec>뾾<eb>뒗 <eb>뜲<ec>씠<ed>꽣"
[2] ""
[3] "2022-08-17  09:30  鍮뚭쾶<ec>씠痢<a0>, 理쒗깭<ec>썝, 理쒖갖<ec>썝 <ed>
```

02 위와 같이 읽었을 때는 숫자 외에 한글은 잘 읽히지 않는 것을 확인할 수 있다. 따라서 한글이 잘 읽혀지도록 아래와 같이 encoding을 설정해주어야 한다.

```
> readLines("unformed.txt", encoding="UTF-8")

[1] "# 일정한 규칙이 없는 데이터"
[2] ""
[3] "2022-08-17  09:30  빌게이츠, 최태원, 최창원 함께 만났다. \"넥스트 팬데믹...\""
[4] "윤 대통령, '담대한 구상' 제안... '비핵화 초기'부터 '자원-식량' 교환"
[5] "2022-08-18  10:00  오늘의 뉴스"
[6] "2030-09-01  한국의 달 탐사 가시화"
```

```
Warning message:
In readLines(url, encoding = "UTF-8") :
  incomplete final line found on 'unformed.txt'
```

03 위의 Warning message 의미는 마지막 라인이 완전히 끝나지 않았다는 것으로, 이를 해결하려면 마지막 줄에서 "엔터 키"를 눌러 한 줄을 띄어주면 된다.

04 scan() 함수는 라인 단위가 아닌 데이터 항목 단위로 읽는다. 따라서 아래와 같이 what=character()로 지정하면 각 항목이 문자로 처리되어 출력된다.

```
> scan("unformed.txt", what=character(), encoding="UTF-8")

Read 30 items
 [1] "#"              "일정한"        "규칙이"      "없는"          "데이터"      "2022-08-17"
 [7] "09:30"          "빌게이츠,"     "최태원,"     "최창원"        "함께"        "만났다."
[13] "넥스트 팬데믹..." "윤"          "대통령,"     "담대한 구상"   "제안..."     "비핵화 초기"
[19] "부터"           "자원-식량"     "교환"        "2022-08-18"    "10:00"       "오늘의"
[25] "뉴스"           "2030-09-01"    "한국의"      "달"            "탐사"        "가시화"
```

05 scan() 함수의 유용한 점은 읽어들일 라인 개수를 정할 수 있다는 것이다. 건너뛸 라인은 skip, 읽어들일 라인은 nlines 명령을 추가하면 된다. skip=3를 통해 위에서부터 세 줄을 건너뛰고 네 번째 줄부터 출력됨을 확인할 수 있다.

```
> scan("unformed.txt", what=character(), encoding="UTF-8", skip=3)

Read 17 items
 [1] "윤"         "대통령,"   "담대한 구상" "제안..."   "비핵화 초기" "부터"     "자원-식량" "교환"
 [9] "2022-08-18" "10:00"     "오늘의"      "뉴스"      "2030-09-01"  "한국의"   "달"        "탐사"
[17] "가시화"
```

06 nlines=4를 통해 첫 번째부터 네 번째 줄까지의 내용이 출력됨을 확인할 수 있다.

```
> scan("unformed.txt", what=character(), encoding="UTF-8", nlines=4)

Read 21 items
 [1] "#"               "일정한"      "규칙이"     "없는"         "데이터"     "2022-08-17"
 [7] "09:30"           "빌게이츠,"   "최태원,"    "최창원"       "함께"       "만났다."
[13] "넥스트 팬데믹..." "윤"          "대통령,"    "담대한 구상"  "제안..."    "비핵화 초기"
[19] "부터"            "자원-식량"   "교환"
```

▶ 엑셀 파일로부터 데이터를 읽어들이기 위해서는 readxl 패키지가 필요하고, 여기에 포함된 read_excel() 함수를 이용하여 데이터프레임 형식으로 데이터를 읽는다. 먼저 패키지를 설치하고(install.packages("readxl")) 라이브러리를 불러온 뒤(library(readxl)) 엑셀 파일을 읽으면 된다.

- 읽는 방법 : read_excel()

▶ 서울 마포구 아파트 단지에 대한 엑셀파일 정보를 읽어오면 아래와 같다.

- 파일 위치 : https://github.com/ssbyun/data/APT_cost.xlsx

```
> install.packages("readxl")
> library(readxl)
> read_excel("APT_cost.xlsx")

# A tibble: 203 x 5
   시군구                  번지  단지명          `전용면적(㎡)` `거래금액(만원)`
   <chr>                   <chr> <chr>                   <dbl>            <dbl>
 1 서울특별시 마포구 공덕동 371   공덕1삼성래미안          115.           144000
 2 서울특별시 마포구 공덕동 43    공덕2삼성래미안          84.9           125000
 3 서울특별시 마포구 공덕동 43    공덕2삼성래미안          84.9           130000
 4 서울특별시 마포구 공덕동 43    공덕2삼성래미안          84.9           130000
 5 서울특별시 마포구 공덕동 457   공덕3삼성래미안          60.0           125000
 6 서울특별시 마포구 공덕동 457   공덕3삼성래미안          60.0           123000
 7 서울특별시 마포구 공덕동 457   공덕3삼성래미안          60.0           121000
 8 서울특별시 마포구 공덕동 4-32  공덕스카이               85.0            60000
 9 서울특별시 마포구 공덕동 468   두영이지안               84.7            66500
10 서울특별시 마포구 공덕동 464   래미안공덕4차            59.9           117000
# ... with 193 more rows
```

▶ 위에 제시되어 있는 파일링크 주소를 이용하여 자료를 바로 읽어들이는 방법도 있다. 예를 들어 https://raw.githubusercontent.com/ssbyun/data/main/csv_ex.csv를 바로 읽어들이는 방법은 아래와 같다.

```
> url <- "https://raw.githubusercontent.com/ssbyun/data/main/csv_ex.csv"
> read.csv(url)

  X   이름 점수 학점
1 1 김학생  100   A+
2 2 나학생   89   B+
3 3 박학생   75   C0
```

▶ 데이터가 저장된 위치(https://github.com/ssbyun/data)에서 각각의 데이터 파일을 다운로드해도 되지만 파일링크 주소를 바로 활용하면 자료처리의 시간을 줄일 수 있으므로 유용한 방법이다.

나만의 함수 만들기

▶ R에서 다른 입력값을 이용하여 빈번한 계산이 필요할 때 나만의 함수를 만들어 사용할 수 있다면 매우 편리할 것이다. 이럴 경우 아래와 같은 방법으로 함수를 만들 수 있다. x 값에 2.23을 곱한 뒤 1.084를 더하는 식을 fc 변수에 할당한 뒤 x가 2일 때 계산값을 얻으려면 fc(2)라는 간단한 명령으로 수행 가능하다.

```
> fc <- function(x) { return(1.084 + 2.23*x) }
> fc(2)
[1] 5.544
```

▶ 그러면 좀 더 복잡한 함수는 만들 수 없을까? 위에서는 변수가 x 하나인데, 변수가 x, y 2개일 경우에도 나만의 계산식을 만들 수 있다. 변수가 2개이므로 function() 함수에 변수 x, y를 각각 할당해주고 return() 함수에 계산하고자 하는 식을 할당해주면 된다. 여기서는 x에 2를 곱한 값과 y에 5를 곱한 값의 합에 10을 더하는 식을 아래와 같이 만들어보자. 이 식을 활용하여

x 값이 3이고, y 값이 5일 때 계산 결과를 얻기 위해서는 fc() 함수에 차례대로 x, y 값을 할당해주면 된다. 이런 과정을 통해 41이 출력되었는데, 변수 x, y 값 각각에 대해 정확히 계산되었음을 확인할 수 있다.

```
> fc <- function(x,y) { return(10 + 2*x + 5*y) }
> fc(3,5)
[1] 41
```

Lecture 04

무작정 따라하기 (R 프로그램을 이용한 text mining)

▶ 처음부터 R을 이용한 계산이나 데이터 형태 등을 익히기 시작하면 너무 어렵고 지루할 뿐만 아니라 맹목적으로 따라 하다가 이내 포기해 버리기 일쑤이다.

▶ 기존의 학습 패턴에서 과감히 탈피하여 먼저 흥미를 느낄 수 있는 text mining부터 시작해보고자 한다.

▶ 위 그림에 글자가 다양한 크기와 색깔로 표시되어 있는데, 이것이 낱말구름, 즉 word cloud 이다.

영문 text mining

▶ R Library를 이용한 text mining은 몇 줄 안 되는 code를 활용하여 word cloud를 쉽게 경험해볼 수 있다.

```
rm(list=ls())

# install.packages("devtools")  # github와 연동하는 패키지
# library(devtools)
# devtools::install_github("lchiffon/wordcloud2") # 최신 버전을 github에서 다운

install.packages("wordcloud2")
```

- 먼저 `rm(list=ls())`은 기존에 실행했던 명령을 삭제하는 것으로 "Environment" 창에 모든 데이터 리스트가 사라진 것을 확인할 수 있다.
- github를 통해 `"wordcloud2"`를 설치한다. 이는 다양한 모양 안에 글자를 채우기 위해 설치하는 패키지이다.
- 참고로 github는 컴퓨터 프로그램 소스를 공유하고 협업하여 개발할 수 있는 웹 호스팅 서비스 사이트(2008년 미국의 깃허브사에서 서비스 시작)이다.
- 2021년까지 위의 방법으로 wordcloud2를 설치하였는데, 어떠한 이유에서인지 더 이상 설치가 되지 않는다.
- install.packages(`"wordcloud2"`) 명령으로 설치할 경우에는 letterCloud 기능이 작동되지 않는 등의 문제가 발생된다. 따라서 이전에 설치해두었던 wordcloud2 패키지를 github.com/ssbyun/data/wordcloud2_to_library.zip에 업로드해 두었으므로 이를 다운로드받아 아래와 같이 R library wordcloud2에 직접 카피(덮어쓰기)하여 활용하기 바란다.

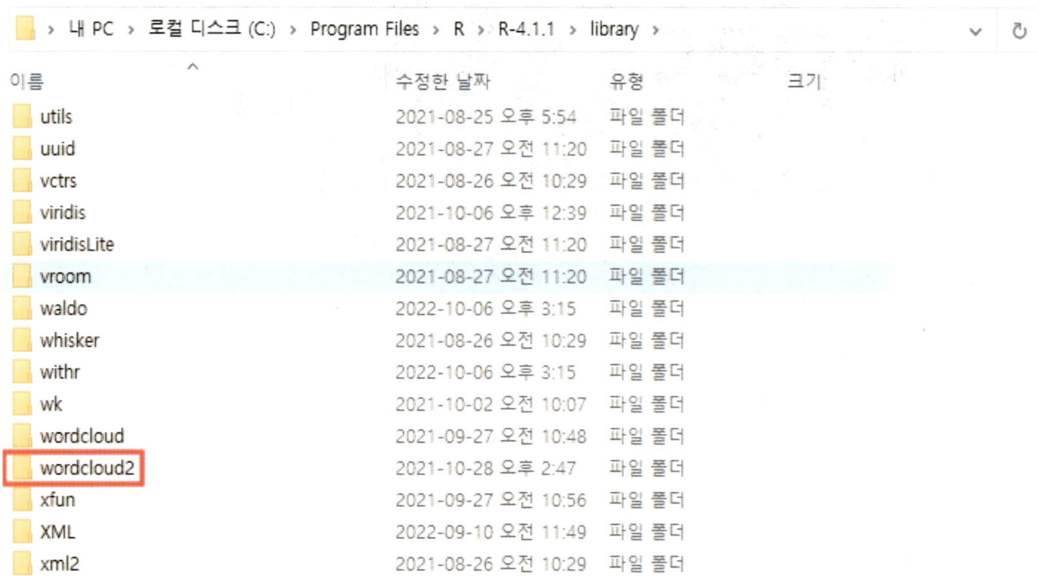

01 이제 library(wordcloud2) 명령으로 설치된 wordcloud2 패키지를 불러온다.

02 다음으로 R에서 기본으로 제공하는 demoFreq를 이용하여 wordcloud2를 아래와 같이 실행하면 낱말구름을 얻을 수 있다. demoFreq의 내용이 궁금하면 해당 데이터를 읽어보면 된다

(head(demoFreq) 등).

```
library(wordcloud2)

# 1 : wordcloud from library
wordcloud2(data = demoFreq)
```

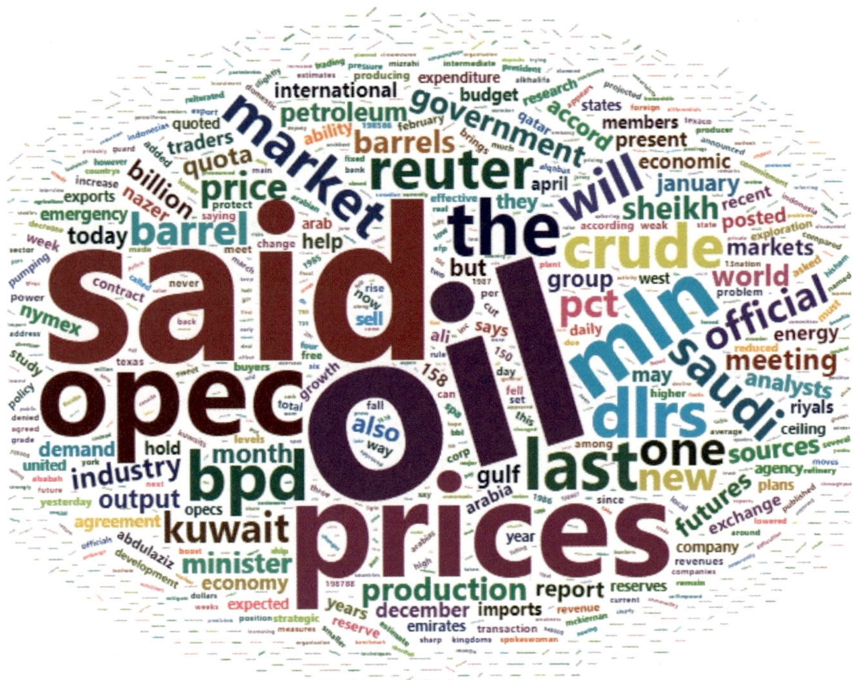

- 낱말구름을 별 모양에 나타내려면 shape = "star" 옵션을 사용하면 된다. 모양은 circle, triange 등 다양한 형태를 활용할 수 있다.

```
wordcloud2(demoFreq, shape = "star")
```

03 다음으로 "R"과 "RBSS"라는 영문 글자 내에 단어가 들어가도록 해보자. 이때는 letterCloud 라는 명령어를 사용하면 된다. 이때 "C"는 대문자임을 유의하자. letterCloud를 실행할 때는 그림이 전시되는데 다소 많은 시간이 걸리므로 약간의 인내심이 필요하다. 참고로 해당 명령을 2~3차례 반복 실행하면 빨리 전시되기도 한다.

```
letterCloud(demoFreq, "R")
letterCloud(demoFreq, "RBSS", wordSize = 1)
```

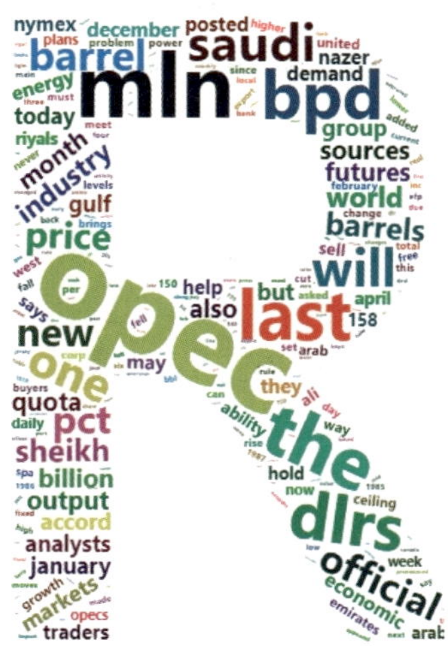

04 충분한 시간이 지났음에도 가끔 Viewer 창에서 그림이 전시되지 않을 때가 있는데, 이때의 조치로 아래 Refresh 버튼을 눌러주면 된다.

05 이미지 파일을 이용하여 word cloud를 실행할 수도 있다. 이때 주의할 점은 그림과 배경의 색깔이 명확히 구분되어야 하는데, 그림을 검정색으로 하는 것이 용이하다.

06 R wordcloud2 패키지 내에 새모양의 이미지를 제공하고 있다. 해당 이미지는 C:/Program Files/R/R-4.1.x/library/wordcloud2/example 폴더에 포함되어 있는데, 이를 바로 불러오기 위해서는 system.file 명령으로 해당 이미지의 경로를 불러올 수 있다.

07 다음으로 해당 이미지를 복사하여 사용할 수도 있는데, 해당 경로가 "D:/RScript/Figure/t.png"일 경우 아래와 같이 figPath에 이 경로를 지정해주면 된다.

```
# From R Library
fig = system.file("examples/t.png", package = "wordcloud2")
wordcloud2(demoFreq, figPath = fig, color = "skyblue", backgroundColor = "white")

# From user directory
fig2="D:/RScript/Figure/t.png"
wordcloud2(demoFreq, figPath = fig2, color = "skyblue", backgroundColor = "white")
```

- 이런 과정을 거치다 보면 자연스레 한글을 이용한 word cloud를 해보고 싶다는 생각이 들 것이다.
- 한글 word cloud를 그려보기 위해서는 한글을 처리할 수 있는 패키지 설치와 이와 연계된 JAVA 설치가 우선 필요하다.

한글 text mining을 위한 KoNLP package 설치

▶ R의 한글 분석 패키지(KoNLP : Korean Natural Language Processing)에는 한국어를 분석할 수 있는 총 27개의 함수가 들어있다.

▶ 현재 R 관련 ftp 네트워크 및 web server인 CRAN(The Comprehensive R Archive Network)에서 KoNLP 패키지를 더 이상 다운로드 할 수 없어 한글 text mining을 위해서는 KoNLP 패키지가 꼭 필요하므로 불편하더라도 아래와 같은 방법을 거쳐야 한다.

▶ 먼저, ① JAVA 설치(KoNLP가 Java로 제작된 형태소 분석기를 사용하기 때문), 다음으로 ② Rtools 설치(KoNLP뿐만 아니라 다른 여러 패키지에 사용)가 필요하다.

① JAVA JDK 다운로드 후 설치 및 시스템 설정

01 Google에서 "JAVA JDK" 검색

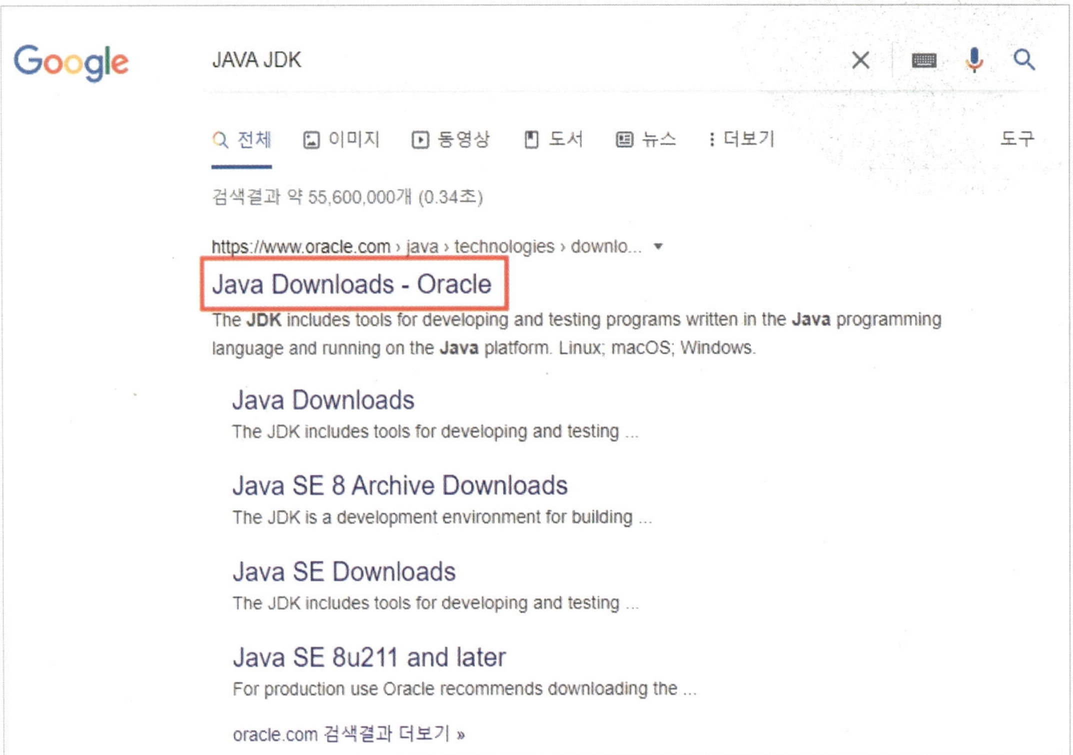

02 JDK 다운로드

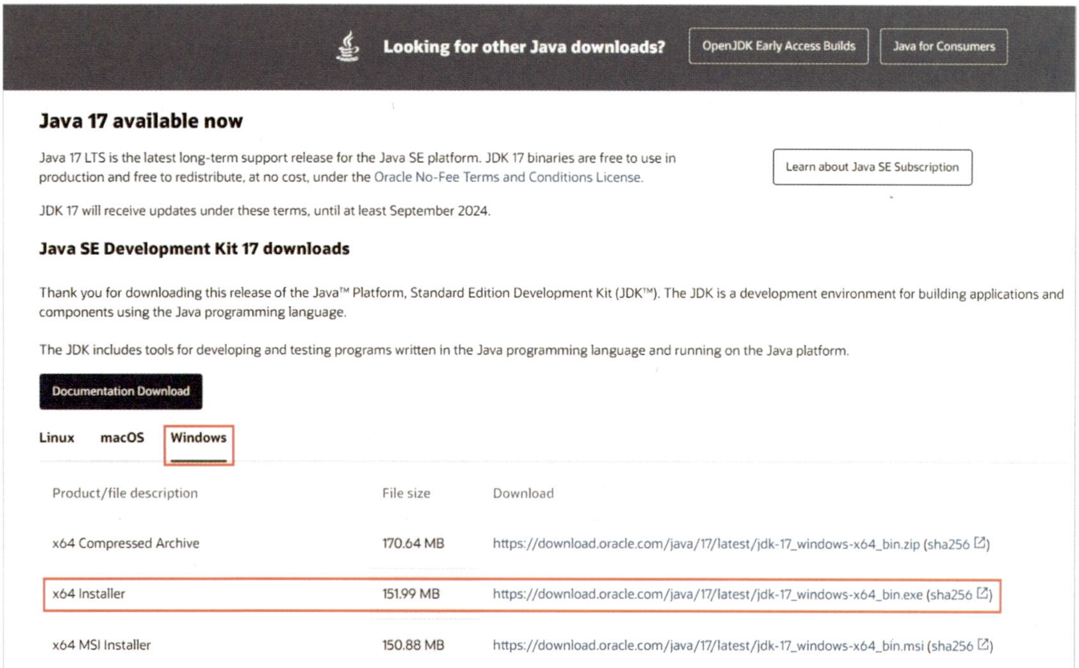

03 다운로드가 완료되면 jdk−17_windos−x64_bin.exe 설치

(version number (jdk−00)는 최신버전을 다운하면 됨)

04 설치 후 "내컴퓨터" 오른쪽 마우스 → 속성 → 고급 시스템 설정 → 환경변수 클릭

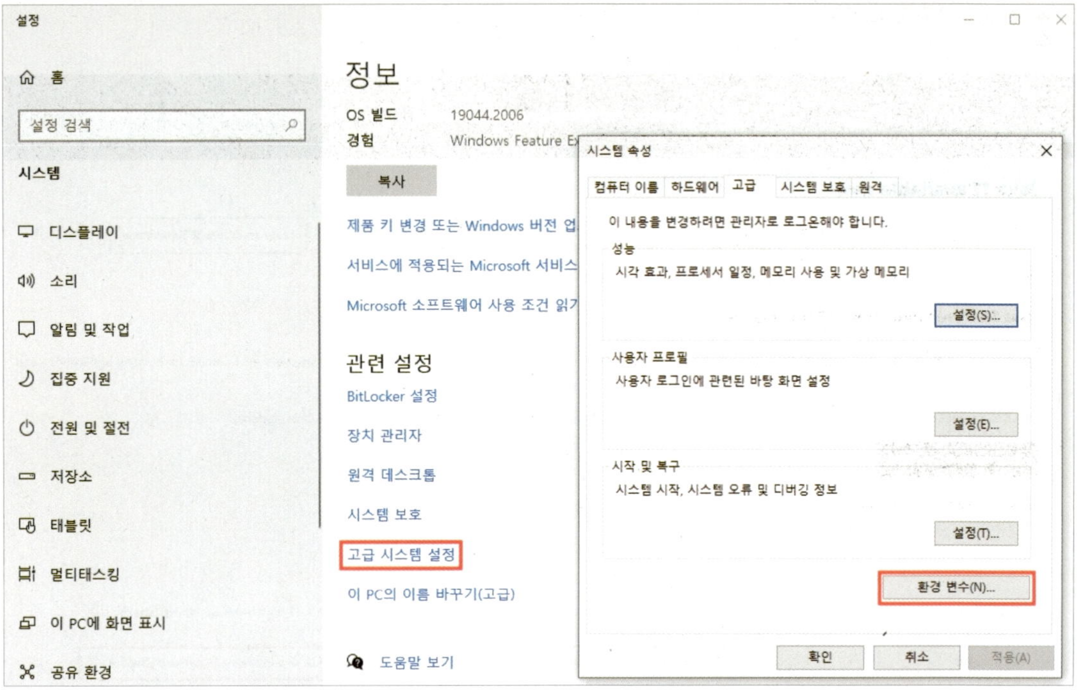

＊ "내컴퓨터" 속성 클릭 시 아래와 같은 화면일 경우에도 동일한 항목 선택

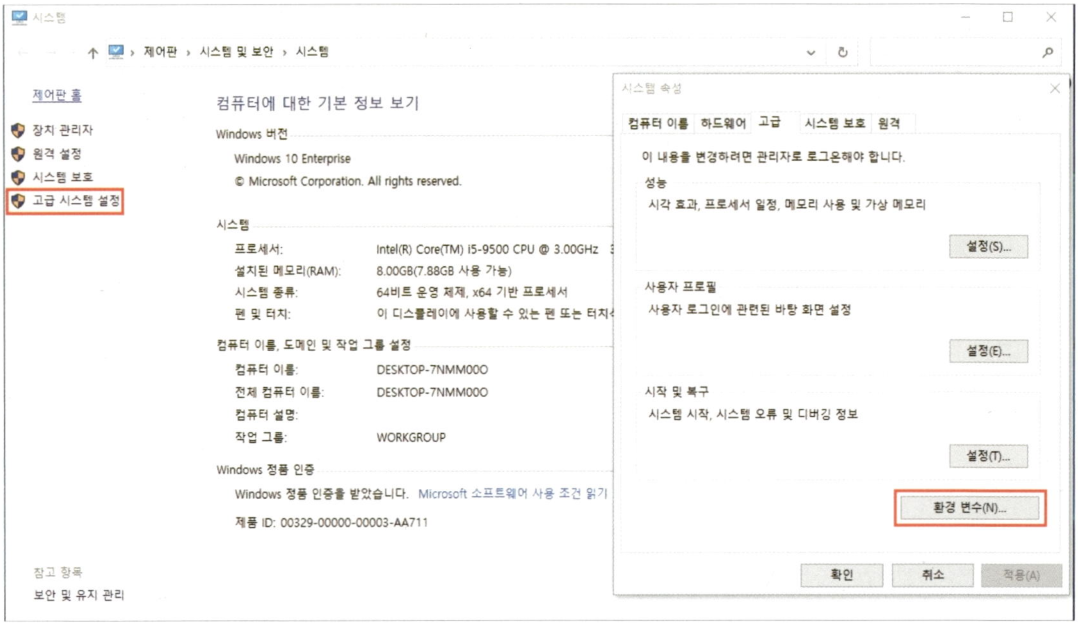

05 환경변수에 "JAVA_HOME"이 있을 경우 편집을 눌러 아래와 같이 설정한다.

(다운로드된 버전이 다를 경우 맞게 수정, 예를 들어 jdk-17를 다운받았으면 아래 jdk16.0.2를 jdk-17로 바꿔주면 된다)

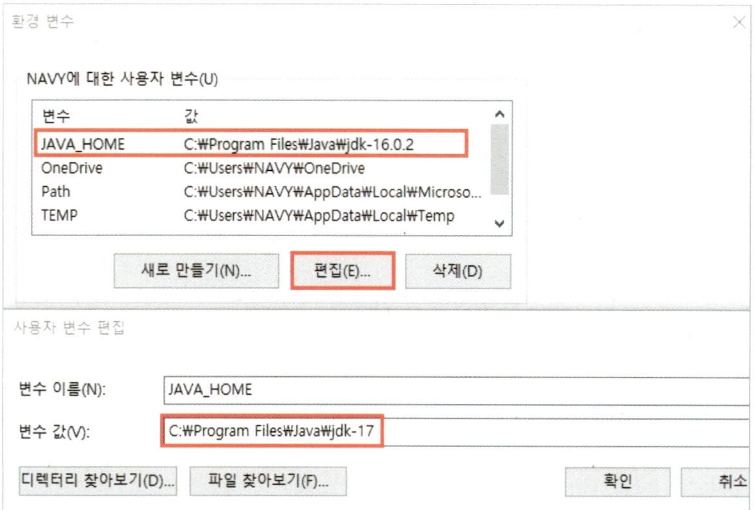

06 만약 위의 경로(JAVA_HOME)가 없으면 "새로 만들기"에서 추가해준다.

07 이후 그 아래에 있는 시스템 변수 탭에서 아래와 같이 JAVA 경로를 추가해준다.

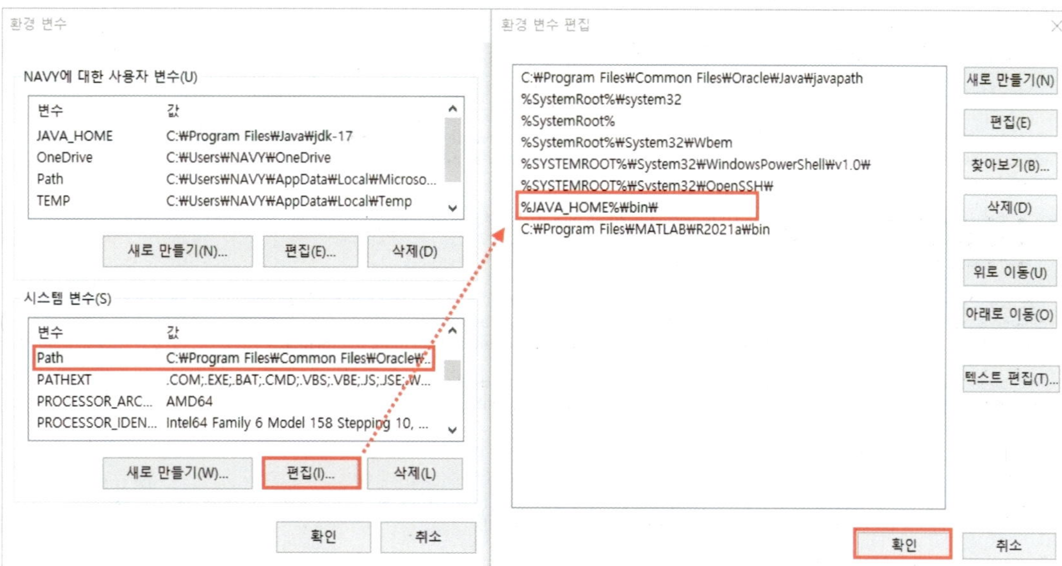

② Rtools 설치

Rtools를 아래와 같이 다운로드 후 설치한다(rtools40-x86_64.exe/126MB).

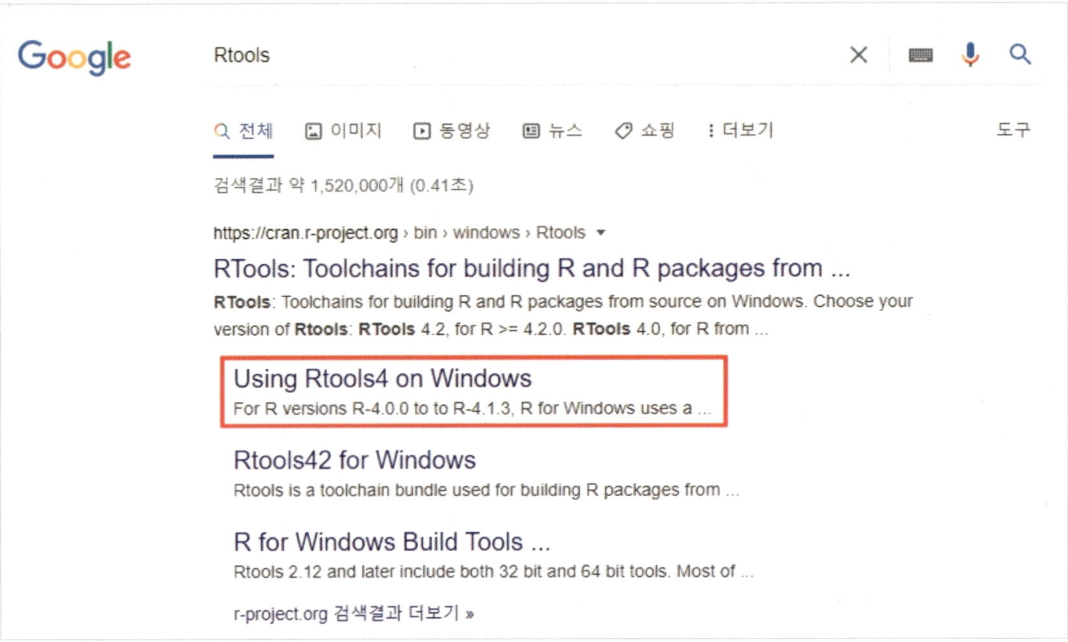

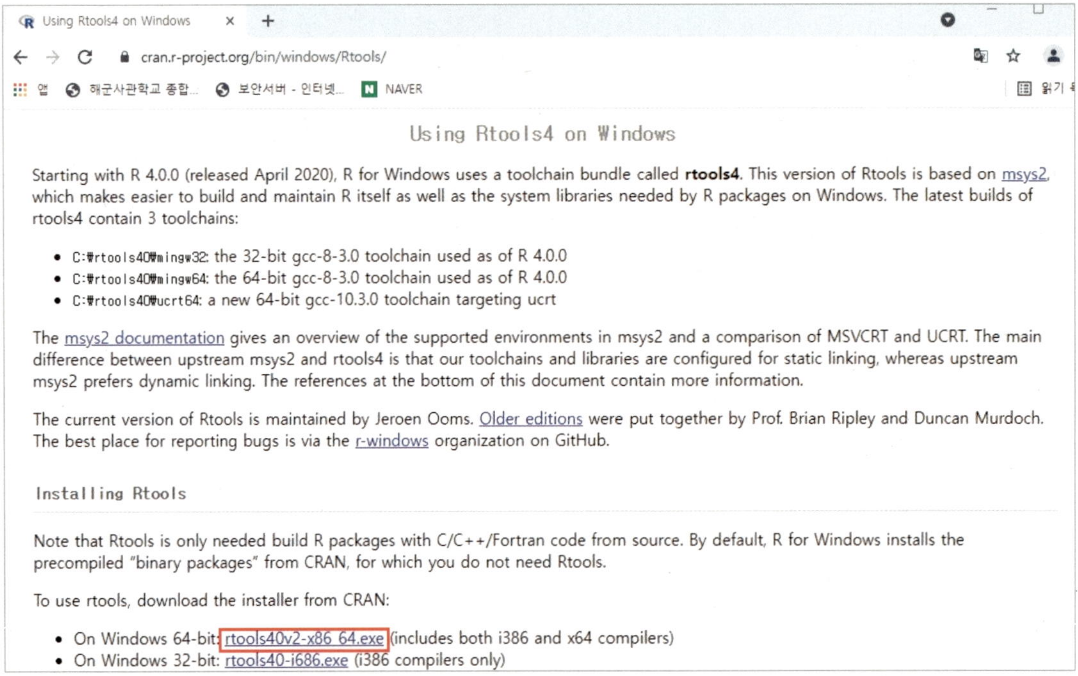

③ 필수 패키지 설치

```
# rjava package

install.packages("rJava")
library(rJava)


# 의존성 packages 설치
install.packages(c("stringr", "hash", "tau", "Sejong", "RSQLite", "devtools", "memoise"), type = "binary")

# install.packages("remotes")
# remotes::install_github('haven-jeon/KoNLP', upgrade = "never", INSTALL_opts=c("--no-multiarch"))
```

01 KoNLP 패키지는 2021년까지는 위의 파란색으로 표시된 부분처럼 다운로드할 수 있었으나, 이후 언젠가부터 더 이상 다운로드가 되지 않는다. 따라서 이전에 다운로드받아 둔 KoNLP를 https://github.com/ssbyun/data/KoNLP_to_library.zip에 올려두었으므로(출처는 위 참조) 이를 다운받아 R/library 폴더에 아래와 같이 그대로 복사하여 사용하면 된다.

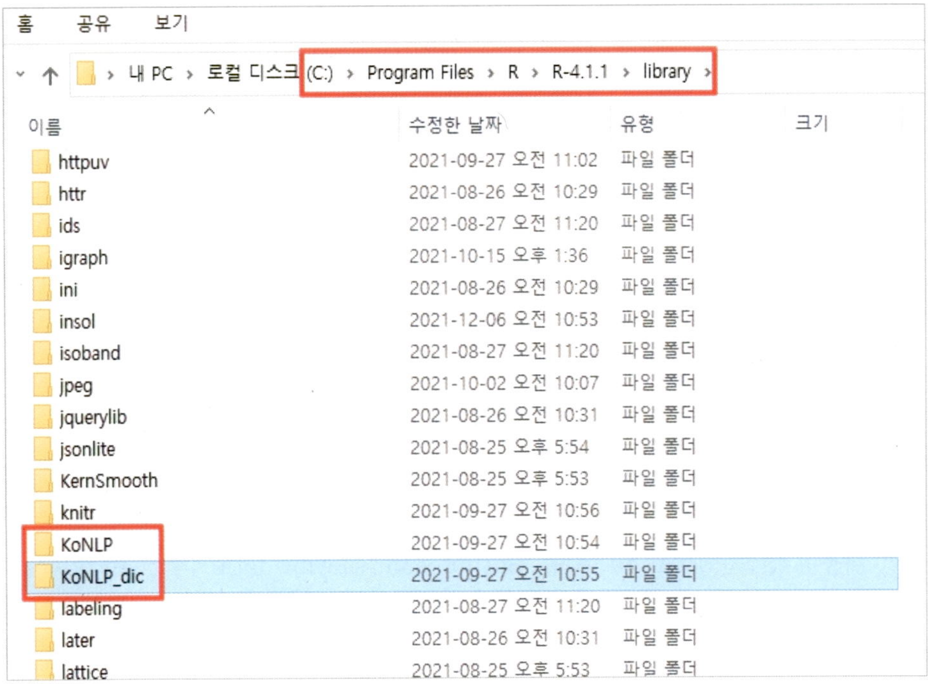

02 위와 같이 library 폴더에 KoNLP 패키지가 정상적으로 옮겨졌으므로 이제 아래와 같이 library 명령으로 불러오면 된다.

```
library(KoNLP)
```

03 설치완료 : library(KoNLP) 실행 후 error가 없으면 정상적으로 설치된 상태이다.

```
text <- "R은 오픈소스 프로그램으로 누구나 쉽게 이용 가능하며, 각종 자료를 읽고 가시화하며, 통계적인 방법으로 분석하기에 용이하다."

extractNoun(text)
```

04 또한 아래와 같이 위에 입력한 text의 단어가 정상적으로 출력됨을 볼 수 있다. 이제 한글 text mining이 준비가 된 것이다.

```
> extractNoun(text)

 [1] "R"  "오픈소스"  "프로그램"  "누구"  "이용"  "가능"  "각종"  "자료"  "가시화"  "통계적"
[11] "방법"     "분석"     "하기"     "용이"     "하다"
```

한글 text mining

- 한글 text mining을 시작할 준비가 되었으므로 문재인 대통령의 연설문을 이용하여 word cloud를 실행해보자. 각 명령에 대한 설명은 오른쪽에 표시된 comment를 참고하기 바라며 한 줄씩 실행해보면 어떤 내용인지 이해할 수 있을 것이다.
- 필요한 패키지는 wordcloud2, KoNLP이며, 만약 설치되지 않은 패키지가 있다면 먼저 설치할 필요가 있다.
  - 문재인 대통령 연설문(moon_r.txt) 위치 : github.com/ssbyun/data
- 아래에서 단어추출(noun <- sapply(text, extractNoun, USE.NAMES=F)) 시 sapply 함수를 사용하였는데, "noun ← extractNoun(text)"과 같이 extractNoun 함수를 직접 사용해도 동일한 결과를 얻는다.

```
rm(list=ls())

# Load library
library(wordcloud2)
library(KoNLP)


text <- readLines("moon_r.txt", encoding="UTF-8")
noun <- sapply(text, extractNoun, USE.NAMES=F)  # 단어추출
noun


noun2 <- unlist(noun)          # 벡터형으로 만든다.
word <- table(noun2)           # 단어 출현 수 계산
word2 <- sort(word, decreasing=T)[1:50]    # 단어 순서대로 50개만 정렬
word2     # 확인

word2 <- word2[-1]  # 공백단어 제거

barplot(word2, las = 2, names.arg = names(word2),         # 단어 출현수 barplot
        col ="lightblue", main ="Most frequent words",
        ylab = "Word frequencies")


wordcloud2(data=word2)   # WordCloud
```

▶ 위와 같이 코드를 실행하면 아래와 같은 낱말구름 결과를 얻을 수 있다.

참고

wordcloud2에 대한 자세한 명령어 사용을 확인해 보려면 console 창에서 help(**"wordcloud2"**)를 실행하여 help 창에 나와 있는 사용 방법을 활용하면 된다.

01 2022년 5월 10일 제20대 윤석열 대통령의 취임사를 text 파일로 만든 후 위에서 수행한 방법과 동일하게 입력하고 text만 변경 후 word cloud를 실행할 수 있다. 실행 결과는 아래와 같다.

- 윤석열 대통령 취임사(Yoon.txt) 위치 : github.com/ssbyun/data

```
text <-  readLines(“Yoon.txt”, encoding="UTF-8")

                          <이하 동일>
```

02 취임사에서 “자유”라는 단어가 35회로 가장 많이 등장하고, 다음으로 “시민”, “세계”, “평화” 등의 순으로 나타남을 알 수 있다. 등장하는 단어의 수는 위에 제시된 코드 내에서 단어의 출현 빈도를 나타내는 “wordcount2”를 실행해보면 확인할 수 있다.

03 반기문 사무총장직 수락연설 요지(http://www.koreatimes.com/article/20061013/343048)를 text 파일로 만든 후 위에서 수행한 방법으로 word cloud를 실행한 결과는 아래와 같다.

- 반기문 연설(Speech_Ban.txt) 위치 : github.com/ssbyun/data

04 수락 연설문에서 "유엔"이라는 단어가 가장 많이 등장하고, 다음으로 "사무총장", "노력" 등의 순으로 나타남을 알 수 있다.

▶ 이처럼 특정 논문이나 뉴스기사, 노래가사 등의 자료를 txt 파일로 만든 후 word cloud를 실행하면 어떤 단어가 중요하게 사용되는지 누구나 쉽게 확인해 볼 수 있으므로 매우 유용하다.

! Warning message 해결

가끔 아래와 같이 "Yoon.txt" 파일을 읽는데 불완전한 줄이 있다는 경고 메시지가 전시될 경우가 있다. 이때는 Yoon.txt 파일의 제일 마지막에서 "엔터 키"를 눌러 한 줄을 띄어주면 해결된다.

```
Warning message:
In readLines("Yoon.txt", encoding = "UTF-8") :
  incomplete final line found on 'Yoon.txt'
```

Lecture 05

간단한 그래픽 및 선형회귀분석

▶ R에서는 매우 강력한 그래픽 기능을 활용할 수 있다. R에는 graphics 패키지가 포함되어 있으며, 이를 이용하여 다양한 그래프를 그려볼 수 있다. 그래프를 생성하는 대표적인 함수를 몇 가지 열거하면 아래와 같다.

- plot() : 일반적인 그래프 생성
- boxplot() : 상자도표 생성
- hist() : 히스토그램 생성
- contour() : 등고선 그래프 생성

▶ 위의 명령을 통해 그래프를 그린 뒤 그 위에 점, 선, 텍스트 등을 추가할 필요가 있을 때는 아래와 같은 부가적인 함수를 사용할 수 있다.

- points() : 점 추가
- lines() : 선 추가
- abline() : 직선 추가
- polygon() : 다각형 추가
- text() : 텍스트 추가
- title() : 제목 추가

▶ 보다 다양한 함수와 자세한 내용은 help("graphics") 명령을 통해 살펴보기 바란다.

01 그럼 R에 기본적으로 내장된 iris 데이터셋을 활용하여 그래프를 그려보도록 하자. iris는 3가지 종류의 붓꽃 각각 50송이에 대해 꽃받침의 길이와 폭, 꽃잎의 길이와 폭을 센티미터 단위로 기록한 데이터이다.

```
> str(iris)

'data.frame':  150 obs. of  5 variables:
 $ Sepal.Length: num  5.1 4.9 4.7 4.6 5 5.4 4.6 5 4.4 4.9 ...
 $ Sepal.Width : num  3.5 3 3.2 3.1 3.6 3.9 3.4 3.4 2.9 3.1 ...
 $ Petal.Length: num  1.4 1.4 1.3 1.5 1.4 1.7 1.4 1.5 1.4 1.5 ...
 $ Petal.Width : num  0.2 0.2 0.2 0.2 0.2 0.4 0.3 0.2 0.2 0.1 ...
 $ Species     : Factor w/ 3 levels "setosa","versicolor",..: 1 1 1 1 1 1 1 1 1 1 ...
```

02 먼저 가장 기본적인 방법인 `plot()` 함수를 이용하여 그래프를 그려보자. x축은 꽃잎의 폭, y축은 꽃잎의 길이가 되도록 그래프를 그리면 아래와 같다.

```
plot(iris$Petal.Width, iris$Petal.Length)
```

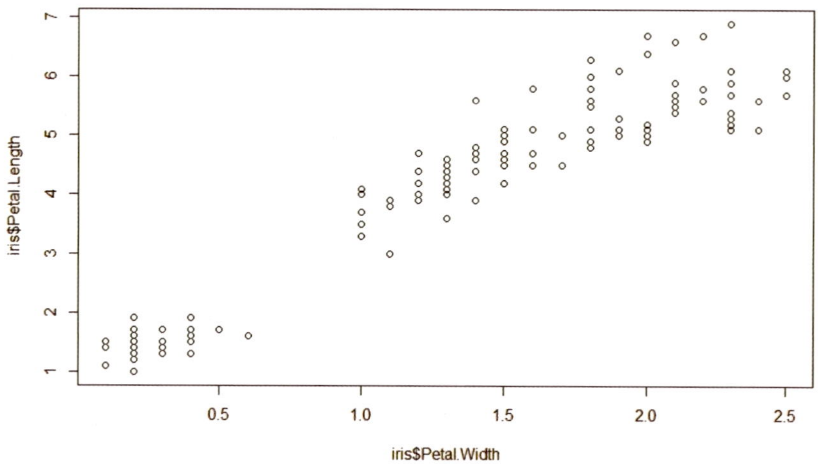

03 위의 그림에서 보여주는 개략적인 형태는 꽃잎의 폭이 커질수록 길이도 커지는 양상이다. 또한 x축의 값이 약 0.6~1.0 사이에서는 값이 존재하지 않는 것을 볼 수 있는데, 0.6보다 큰 값을 빨간색으로 구분하여 표시할 수도 있다. 함수 with를 이용하여 꽃잎의 폭이 0.6보다 클 때의 iris 데이터셋 전체의 값을 변수 big에 할당한 뒤 필요한 값을 x, y축 변수에 할당하면 된다.

```
big <- with(iris, iris[Petal.Width > 0.6, ])
points(big$Petal.Width, big$Petal.Length, col="red")
```

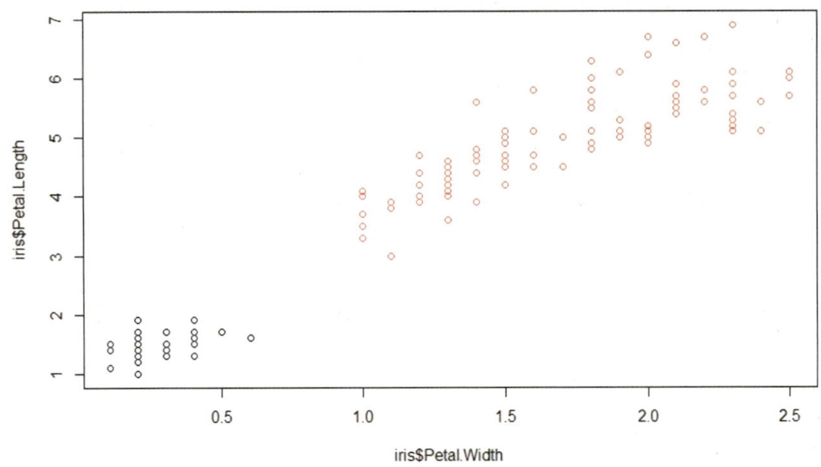

04 points 함수에서 pch=17 명령을 추가하면 색이 채워진 삼각형으로 변경할 수 있다. pch에 번호별로 할당된 그래픽 모형은 "부록"을 참고하기 바란다.

05 그래프상에 제목은 main, x축과 y축의 이름은 각각 xlab과 ylab 명령을 사용하여 아래와 같이 변경할 수도 있다.

```
plot(iris$Petal.Width, iris$Petal.Length, xlab="Width",
    ylab="Length",
    main="Iris Petal Width vs. Length")
```

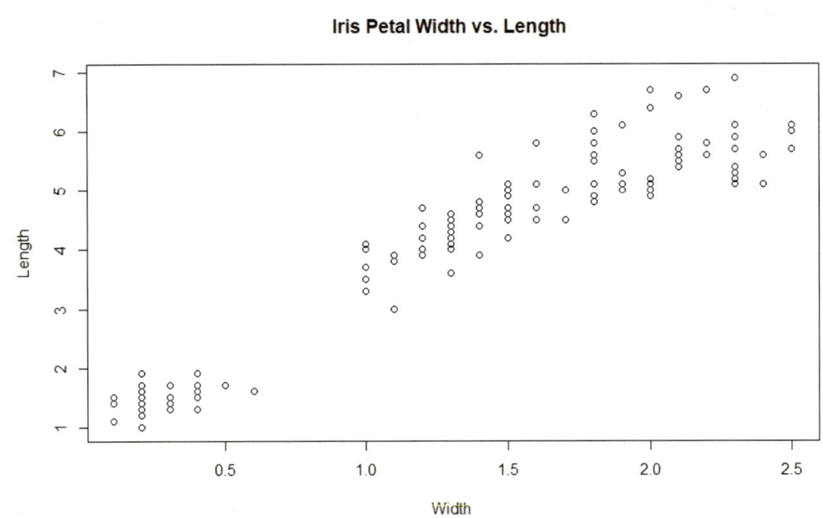

06 그래프상에 "세로선" 또는 "가로선" 등을 추가할 수도 있다. 이때 유용한 abline() 함수를 이용할 수 있는데, 꽃잎의 폭이 1.0일 때의 세로 직선과 길이가 4일 때의 가로 직선을 표시하는 방법은 아래와 같다. 세로 직선은 v, 가로 직선은 h 인수를 사용하면 된다. 세로 직선은 초록색, 가로 직선은 자주색으로 지정하여 그려보도록 하겠다.

```
abline(v=1.0, col="green")

abline(h=4, col="purple")
```

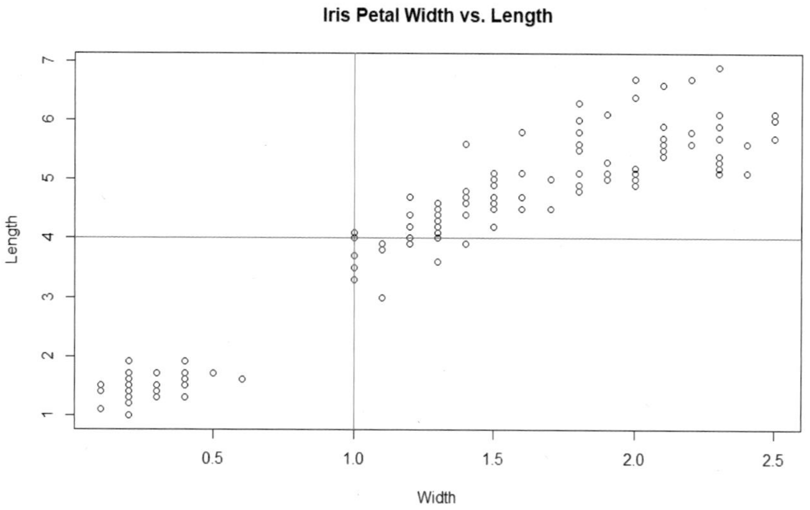

▶ 선형회귀분석을 통한 회귀선을 추가할 수도 있다. 회귀직선은 y = a + bx 형태로 나타나는데, 이에 대응하는 절편(a)과 기울기(b)를 회귀모델로부터 구해야 한다. 즉, 두 변수 간의 선형적 관계를 직선의 방정식으로 표현하는 것인데, 이러한 연관성을 분석하는 통계기법이 회귀분석(regression analysis)이다.

▶ 선형회귀분석은 lm() 함수를 이용하여 분석이 가능하다(MASS 패키지에 포함). lm(a ~ b) 형태로 명령을 사용하는데 a는 종속변수, b는 독립변수이다. 그럼 이제 위에서 살펴본 iris 데이터셋의 꽃잎의 길이(독립변수)에 대한 꽃잎의 폭(종속변수)의 상관관계를 구해보도록 하자.

```
> iris_lm <- lm(iris$Petal.Width ~ iris$Petal.Length)
> iris_lm

 Coefficients:
    (Intercept)      iris$Petal.Width
          1.084                 2.230
```

01 lm() 함수를 이용하여 분석한 선형회귀식은 y = 1.084 + 2.23 × width가 된다. 즉, 위에 출력된 첫 번째 값(Intercept)이 절편, 두 번째 값(iris$Petal.Width)이 기울기가 되는 것이다. 따라서 꽃잎의 폭이 증가할 때마다 꽃잎의 길이가 어떻게 변하는지 상관관계를 확인할 수 있는 것이다.

02 계산된 선형회귀식을 이용하여 그래프상에 직선으로 나타내보면 아래와 같이 표현된다. 회귀직선을 그리는 방법은 abline() 함수를 이용하면 된다.

```
plot(iris$Petal.Width, iris$Petal.Length, xlab="Width",
     ylab="Length",
     main="Iris Petal Width vs. Length")

abline(iris_lm, col="red")
```

03 abline() 함수에서 회귀모델로부터 추출된 절편과 기울기의 계수를 각각 a, b 인수에 지정하는 아래와 같은 두 가지 명령으로도 동일한 결과를 얻을 수 있다.

```
abline(a=coef(iris_lm)[1], b=coef(iris_lm)[2], col="red")

abline(coef(iris_lm)[1], coef(iris_lm)[2], col="red")
```

04 그래프상에 선형회귀식을 표시하고 싶을 때는 text() 함수를 사용하면 된다. 먼저 표시할 위치의 중앙점인 x, y좌표를 정한 뒤 좌표값과 표시할 내용을 텍스트 형식으로 기입하면 된다. 위에서 얻은 선형회귀식의 값을 이용하여 x축 0.5, y축 5에 텍스트의 중앙이 위치될 수 있도록 정해준 뒤 표시하고자 하는 선형회귀식 y = 1.804 + 2.23x를 text() 함수에 입력하여 파란색 글씨로 나타내면 아래와 같은 결과를 얻는다.

```
plot(iris$Petal.Width, iris$Petal.Length, xlab="Width",
     ylab="Length",
     main="Iris Petal Width vs. Length")

abline(iris_lm, col="red")

text(0.5, 5, "y = 1.084 + 2.23x", col="blue")
```

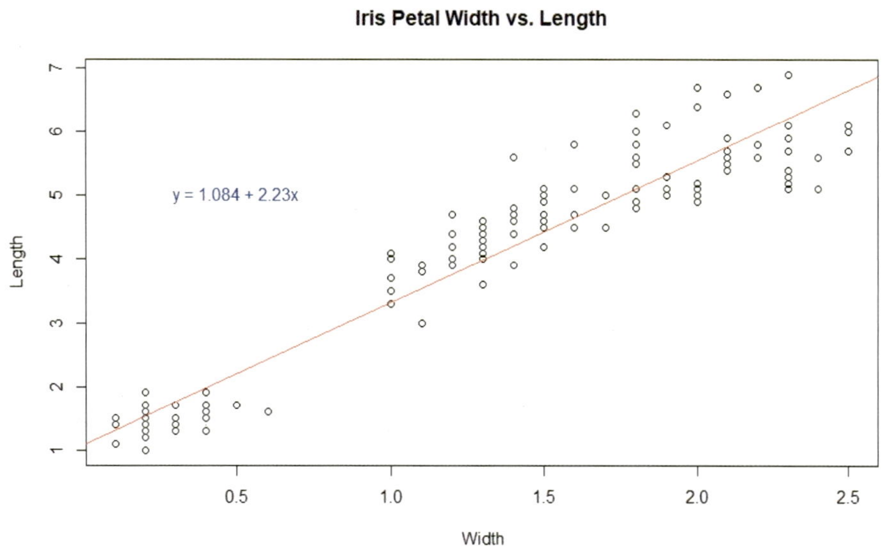

05 텍스트의 크기를 변경하려면 cex 명령을 활용하여 소수점 단위로 조정할 수 있다. cex=1.8로 했을 때 텍스트의 크기는 전보다 크게 전시됨을 아래에서 확인할 수 있다.

```
text(0.5, 5, "y = 1.084 + 2.23x", col="blue", cex=1.8)
```

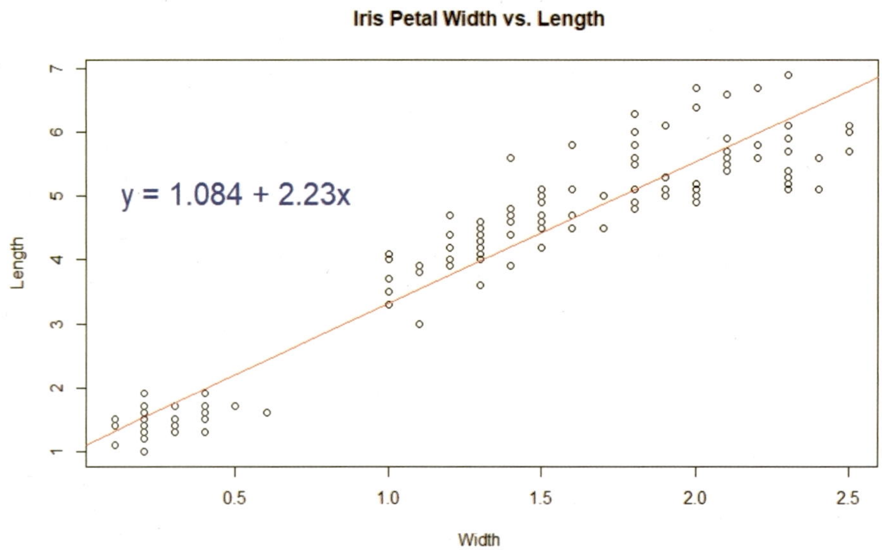

Lecture 06

시계열 데이터 분석 (time series analysis)

▶ R에서 시계열 데이터(time series data)를 분석하기 위해서는 먼저 해당 데이터를 읽고 다루는 방법을 알아야 할 것이다. 예를 들어, 다음과 같은 임의의 데이터를 읽고 시계열 데이터로 만드는 방법을 알아보자.

▶ 월별 해표면 수온을 가정한 임의의 데이터가 아래와 같이 구성되어 있다고 생각해보자.

```
Example of time series data
# Arbitrary Sea Surface Temperature
15
16
18
20
21
22
26
28
30
29
28
26
25
```

▶ 이 데이터를 읽는 방법은 `scan()` 함수를 이용하여 쉽게 읽어올 수 있다. 해당 데이터의 이름은 Ex_timeseries.dat이고, github에 업로드된 자료로써 웹사이트에서 바로 읽어올 수 있다. 단, 위의 두 줄은 텍스트이므로 해당 부분을 건너뛰기 위해 skip=2 명령을 추가해준다. 그리고 이렇게 읽어들인 데이터를 sst라는 변수에 할당해주고, 데이터가 정상적으로 읽혀졌는지 출력해보면 다음과 같다.

```
sst <- scan("https://raw.githubusercontent.com/ssbyun/data/main/Ex_timeseries.dat", skip=2)
> sst
 [1] 15 16 18 20 21 22 26 28 30 29 28 26 25
```

▶ 그런데 이 데이터는 시계열 데이터라고 볼 수 있는 정보가 부족하다. 따라서 ts() 함수를 이용하여 시계열 데이터로 변환해보자.

```
ts.sst <- ts(sst)

> ts.sst
Time Series:
Start = 1
End = 13
Frequency = 1
 [1] 15 16 18 20 21 22 26 28 30 29 28 26 25
```

▶ 위에서 ts() 함수를 이용하여 시계열 데이터로 변환된 것을 볼 수 있는데, 시간 단위의 시작은 1, 끝은 13, 빈도수는 1임을 알 수 있다. 즉, 월별 해표면 수온을 측정한 것이라 가정한다면 쉽게 이해할 수 있을 것이다.

그렇다면 이 데이터가 관측된 주기와 관측이 시작된 시기를 특정해줄 수는 없을까? 만약 2000년 1월부터 12월까지 월 단위로 관측된 시계열 데이터일 경우라면 아래와 같이 변환해 줄 수 있다. frequency=12라는 의미는 2000년 1월부터 연간 12개의 데이터가 있다는 의미이므로 월별 데이터가 된다.

```
ts.sst <- ts(sst, frequency=12, start=c(2000,1))

> ts.sst
     Jan Feb Mar Apr May Jun Jul Aug Sep Oct Nov Dec
2000  15  16  18  20  21  22  26  28  30  29  28  26
2001  25
```

▶ 이렇게 변환된 시계열 데이터를 그래프로 그려보면 시각적으로 쉽게 확인할 수 있다. 시계열 데이터를 그릴 때는 plot.ts() 함수를 이용할 수도 있고 plot() 함수를 이용해도 동일한 결과를 얻는다.

```
plot.ts(ts.sst, type="b")
```

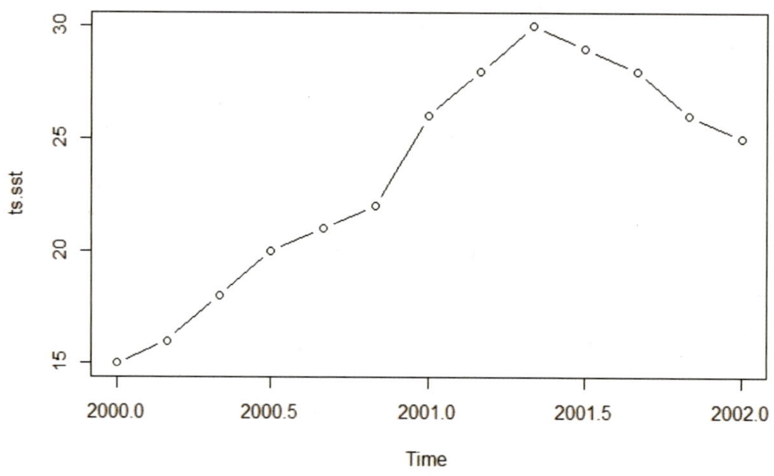

▶ 만약 1년 단위로 기록된 데이터라고 가정하면 아래와 같이 frequency=1이 되어야 한다. 이 때 아래와 같이 데이터의 시작은 2000년이고, 끝은 2012년이 됨을 알 수 있다. 만약 6개월 단위라면 frequency=2가 되어야 할 것이다.

```
ts.sst <- ts(sst, frequency=1, start=c(2000,1))

> ts.sst
Time Series:
Start = 2000
End = 2012
Frequency = 1
 [1] 15 16 18 20 21 22 26 28 30 29 28 26 25
```

▶ 위에서 변환된 1년 단위의 데이터를 그래프로 그려보면 다음과 같다. 즉, 2000년부터 2012년까지 매년 1개의 데이터가 그래프에 나타나는 것을 확인할 수 있다.

```
plot.ts(ts.sst, type="b")
```

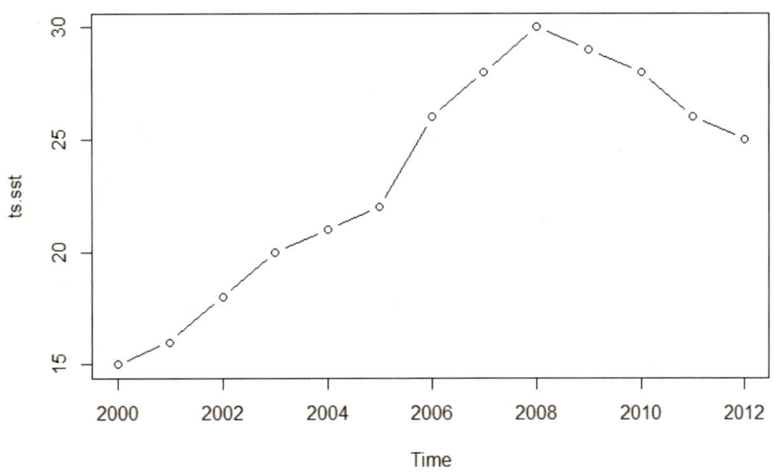

▶ 지금까지 시계열 데이터의 기본 형식에 대해 알아보았으므로 이제는 데이터를 분석하는 방법에 대해 살펴보기로 하자.

R에 포함된 데이터셋을 이용한 시계열 분석

▶ R에 포함된 기본적인 데이터셋 중에서 AirPassengers가 있는데, 이 데이터는 아래 설명과 같이 1949년부터 1960년까지 월별 항공기 승객수를 기록한 시계열 데이터이다.

```
Data sets in package 'datasets':

AirPassengers            Monthly Airline Passenger Numbers 1949-1960
BJsales                  Sales Data with Leading Indicator
BJsales.lead (BJsales)   Sales Data with Leading Indicator
BOD                      Biochemical Oxygen Demand
      .                        .
      .                        .
      .                        .
```

▶ AirPassengers 데이터셋의 세부 데이터가 어떻게 구성되어 있는지 확인해보기 위해서는 해당 데이터셋의 이름(AirPassengers)을 명령창에 타이핑하면 된다. 아래에서 확인할 수 있는 바와 같이 해당 데이터는 1949년 1월부터 1960년 12월까지 월별 데이터가 기록된 것임을 알 수 있다.

```
> AirPassengers
     Jan Feb Mar Apr May Jun Jul Aug Sep Oct Nov Dec
1949 112 118 132 129 121 135 148 148 136 119 104 118
1950 115 126 141 135 125 149 170 170 158 133 114 140
1951 145 150 178 163 172 178 199 199 184 162 146 166
1952 171 180 193 181 183 218 230 242 209 191 172 194
1953 196 196 236 235 229 243 264 272 237 211 180 201
1954 204 188 235 227 234 264 302 293 259 229 203 229
1955 242 233 267 269 270 315 364 347 312 274 237 278
1956 284 277 317 313 318 374 413 405 355 306 271 306
1957 315 301 356 348 355 422 465 467 404 347 305 336
1958 340 318 362 348 363 435 491 505 404 359 310 337
1959 360 342 406 396 420 472 548 559 463 407 362 405
1960 417 391 419 461 472 535 622 606 508 461 390 432
```

01 AirPassengers 데이터를 시각적으로 확인해보기 위해 plot.ts() 함수를 이용하여 그래프로 그려보자.

```
plot.ts(AirPassengers)
```

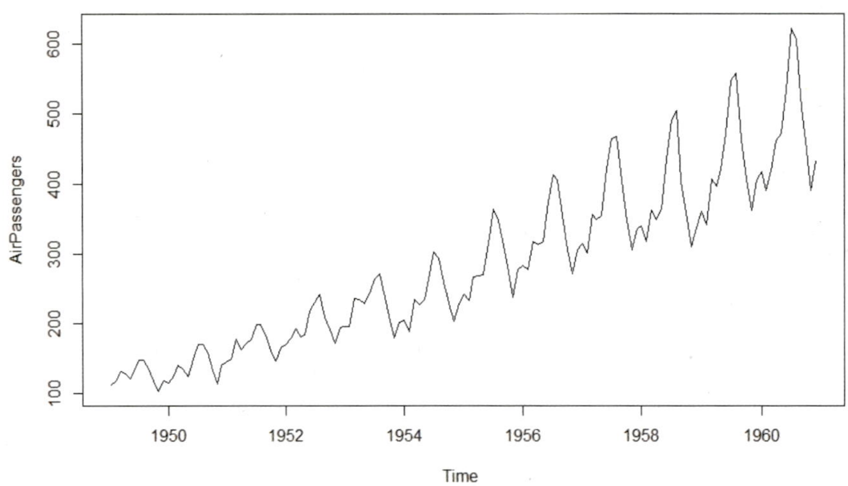

02 이제 위의 데이터를 이동평균(moving average)하는 방법에 대해 알아보자. TTR 패키지 내 SMA() 함수를 이용하여 이동평균을 할 수 있다. 먼저 TTR 패키지를 라이브러리로 불러오고, SMA() 함수에서 5개월 단위로 이동평균하기 위해 n=5 명령을 추가하여 그래프를 그린다. 아래의 그래프에서 확인할 수 있는 바와 같이 이동평균 전에 나타나던 변동성이 이동평균 후에는 완화된 것을 알 수 있는데, n의 숫자를 높여줄수록 더욱 확연한 차이를 보이게 된다.

```
library("TTR")
Air.avg <- SMA(AirPassengers, n=5)
plot.ts(Air.avg)
```

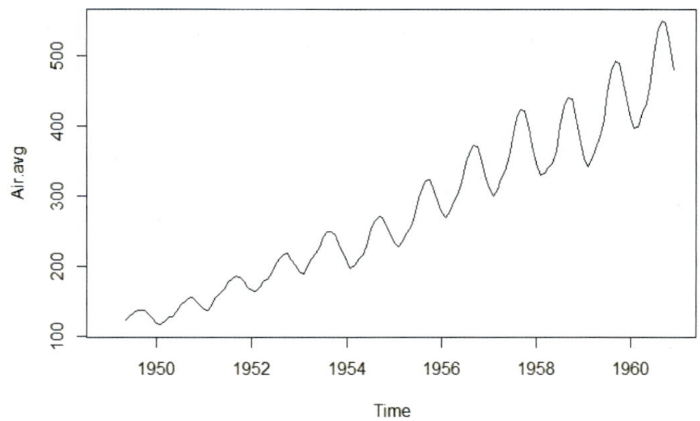

▶ AirPassengers 데이터를 보면 승객수가 연도별로 상승하는 추세적 경향성(trend)과 더불어 계절적인 변동성(seasonal variation)도 보이고 있다. 이러한 성분들을 구분하는 방법은 없을까? 이러한 추세적 성분(trend component)과 계절적 성분(seasonal component)을 분리하는 방법은 적절한 모델을 사용하여야 하는데, R에 기본적으로 탑재되어 있는 **decompose()** 함수를 이용할 수 있다. 이 함수는 이동평균을 이용한 성분분해 기법이며, 이를 이용하면 시계열 데이터의 경향성(trend)과 계절적 성분, 그리고 불규칙 성분을 서로 분리할 수 있다.

```
Air.dec <- decompose(AirPassengers)
> str(Air.dec)
List of 6
 $ x        : Time-Series [1:144] from 1949 to 1961: 112 118 132 129 121 135 148 148 136 119 ...
 $ seasonal: Time-Series [1:144] from 1949 to 1961: -24.75 -36.19 -2.24 -8.04 -4.51 ...
 $ trend    : Time-Series [1:144] from 1949 to 1961: NA NA NA NA NA ...
```

```
$ random   : Time-Series [1:144] from 1949 to 1961: NA NA NA NA NA ...
$ figure   : num [1:12] -24.75 -36.19 -2.24 -8.04 -4.51 ...
$ type     : chr "additive"
- attr(*, "class")= chr "decomposed.ts"
```

01 Decompose() 함수로 분리된 성분은 각각 seasonal, trend, random 데이터에 할당되어 있음을 확인할 수 있다. 이제 이렇게 분리된 데이터를 그래프로 그려보면 다음과 같다.

```
plot(Air.dec)
```

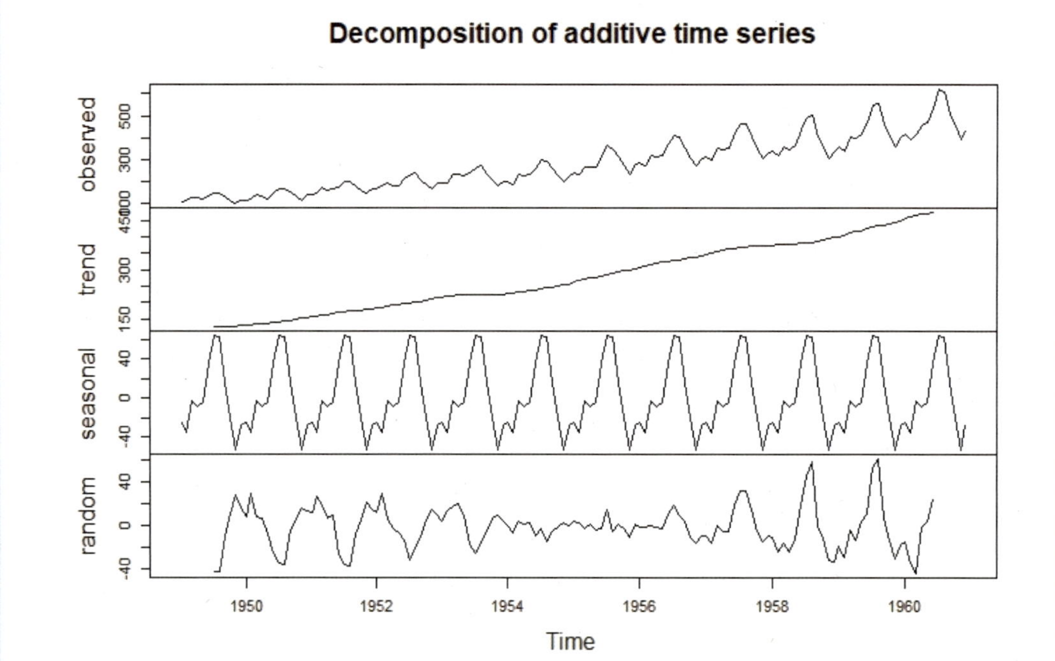

02 각각의 데이터를 그려보려면 plot(Air.dec$trend), plot(Air.dec$seasonal) 등과 같이 분리된 $성분데이터명을 이용하여 그래프로 도시화할 수 있다.

03 위에서 seasonal 성분을 보면 계절적인 변동성이 뚜렷함을 알 수 있는데, 아래와 같이 1950년부터 1960년 사이에 1년 단위로 수직 점선을 그려보면 보다 명확히 구분할 수 있다. 즉, 매년 겨울에는 승객수가 감소하고 여름에 크게 증가하는 것을 알 수 있다.

```
plot(Air.dec$seasonal, col="blue")
abline(v=c(1950:1960),
       col="red", lty=2)
```

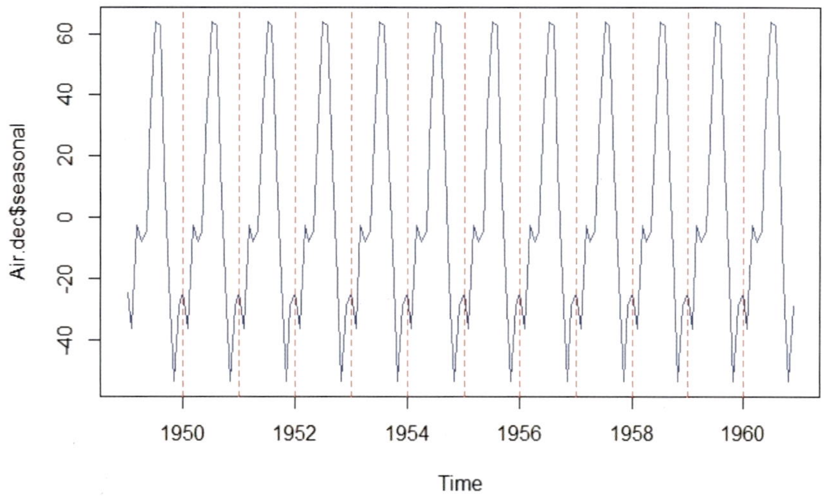

04 만약 1949년의 월별 승객수 변동을 확인하려면 아래와 같이 최초 12개 데이터만 그려보면 되는데, 아래 그림에서 연중 6~9월에 승객수의 뚜렷한 증가를 확인할 수 있다.

```
plot(Air.dec$seasonal[1:12], col="blue", cex=2)
```

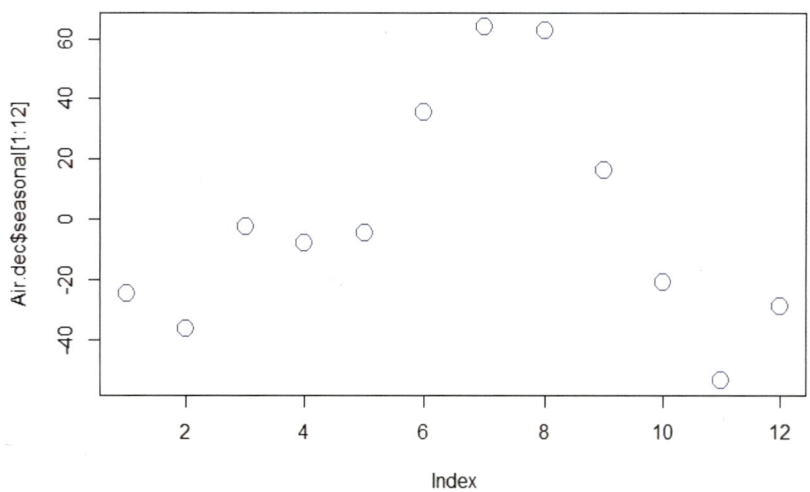

Holt-Winters 지수평활모델을 이용한 단기 예보

▶ Holt-Winters exponential smoothing 모델은 시계열이 추세성분과 계절성분 및 불규칙성분들의 합으로 구성되어 있다고 보고 각 성분들을 이용하여 예측값을 구하는 방법이다. 이 기법은 현 시점에서의 level(수준), slope(기울기), 그리고 seasonal component(계절성분)를 추정한다. Smoothing은 alpha, beta, gamma의 3가지 인수에 의해 조정되는데, 이 3가지 인수는 모두 0과 1 사이의 값을 갖는다. 0에 가깝다는 것은 예보값을 산정함에 있어 가장 최근 값에 대한 가중치가 거의 적용되지 않는다는 것을 의미하며, 1에 가까울수록 최근의 관측값에 더 큰 가중치를 부여한다는 것을 의미한다.

▶ 예보를 위해 위에서 사용했던 AirPassengers 데이터를 이용해보기로 한다. 그런데 원본 시계열 데이터를 확인해보면 항공기 승객수는 시간의 흐름에 따라 상하 변동폭도 증가되는 경향을 보인다. 따라서 이런 경우에는 가법모델(additive model, 덧셈기법)의 적용은 부적합하며 승법모델(multiplicative model, 곱셈기법)이 적합하다. 하지만 이 시계열 데이터에 로그(log)를 취하게 되면 변동폭이 안정화되므로 가법모델 적용이 가능하다. 참고로 가법모델은 각 성분(추세효과, 계절효과, 불규칙효과)의 합으로, 승법모델은 각 성분의 곱으로 표현되는데 자세한 내용은 생략하기로 한다.

▶ 아래 그림에서 원본 시계열 데이터와 로그를 취한 데이터의 그래프 차이를 보면, 로그를 취했을 때 훨씬 안정화되어 있음을 알 수 있다.

원본 시계열 데이터(AirPassengers)

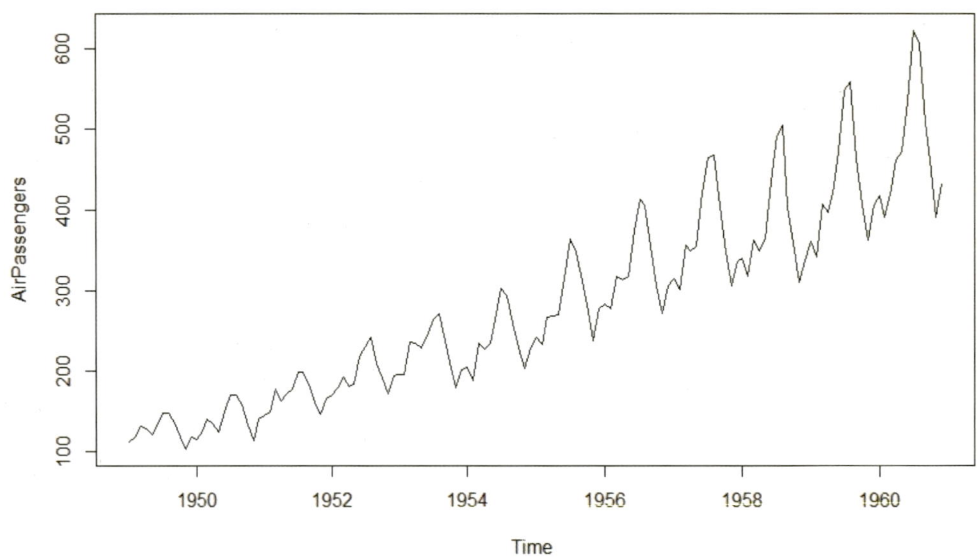

로그를 취한 시계열 데이터(Air.log)

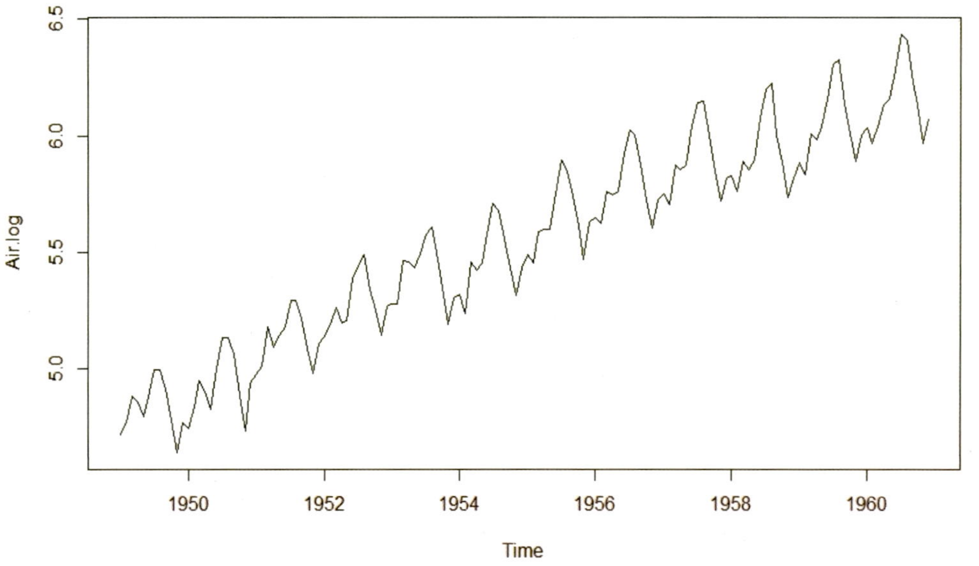

▶ 그러면 이제 가법모델(additive model)을 적용할 준비가 되었으므로 AirPassengers 데이터에 log를 취한 값을 이용하여 HoltWinters() 함수를 적용해보자.

01 아래에 산정된 alpha(평균), beta(추세), gamma(계절적 요소)값은 각각 약 0.37, 0.00, 0.82이다. alpha, beta, gamma는 각각 시간이 지남에 따라 변화하는 평균, 추세, 계절적 요소를 의미한다. 계절적 요소 gamma는 상대적으로 높은 값을 보이고 있는데, 이는 현 시점에서의 seasonal components가 가장 최근의 관측 데이터에 기초한다는 것을 의미한다. 반면 alpha 값은 상대적으로 낮은데, 이는 예측 시 과거의 관측값을 좀 더 우선적으로 고려한다는 것을 의미한다. 또한 beta 값은 0.00으로 나타났는데, 이는 trend component의 slope b가 훨씬 과거의 관측값을 고려한다는 것으로 0에 가까울수록 최초값에 가까운 관측값을 고려하게 된다. 다시 말해 분석기간 동안 자료의 추세가 일정하게 유지된다는 것을 의미한다.

```
Air.log <- log(AirPassengers)
Air.forc <- HoltWinters(Air.log)
> Air.forc
```

```
Air.forc
Holt-Winters exponential smoothing with trend and additive seasonal component.
Smoothing parameters:
 alpha: 0.3266015
 beta : 0.005744138
 gamma: 0.8206654

Coefficients:
              [,1]
a      6.172308435
b      0.008981893
s1    -0.073201087
s2    -0.140973564
s3    -0.036703294
s4     0.014522733
s5     0.032554237
s6     0.154873570
s7     0.294317062
s8     0.276063997
s9     0.088237657
s10   -0.032657089
s11   -0.198012716
s12   -0.102863837
```

02 이제 기존 데이터와 예측된 데이터를 함께 그래프로 나타내 보도록 하자. 검정색은 기존 time series를 나타내고, 빨간색은 예측된 time series를 의미한다. 아래 그래프에서 확인할 수 있는 바와 같이 Holt-Winters method가 원본 데이터와 유사하며, 특히 seasonal peaks를 매우 잘 예측하고 있음을 알 수 있다.

```
plot(Air.forc)
```

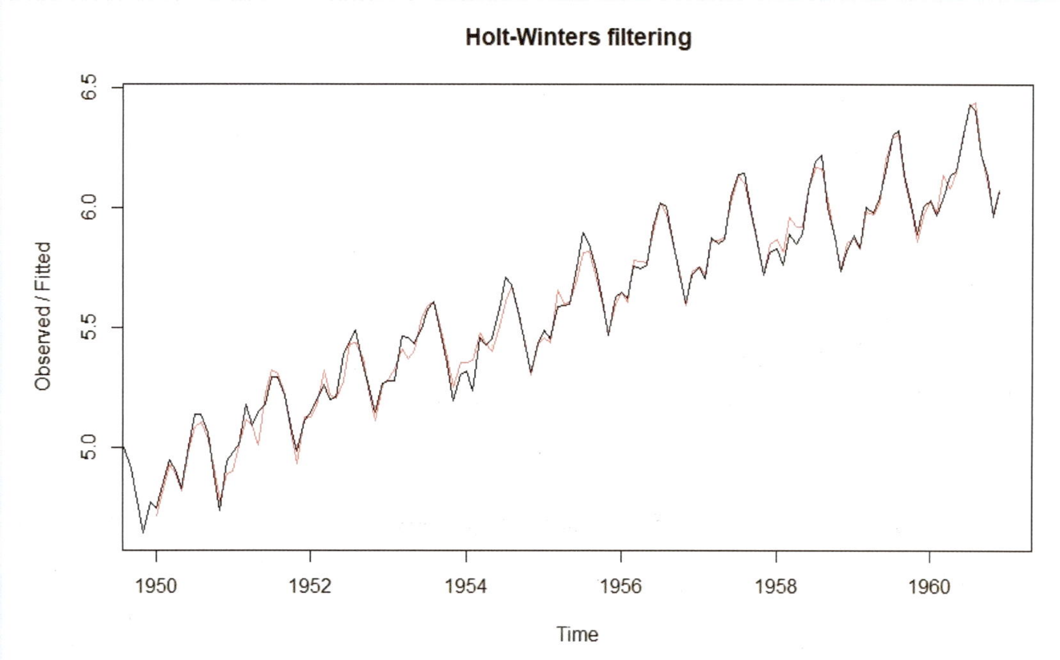

03 원본 데이터에는 포함되어 있지 않은 미래를 예보하기 위해 forecast 패키지를 설치하여 활용할 수 있다. 원본 데이터는 1949년 1월부터 1960년 12월까지 월별 데이터인데, 1964년 12월까지 48개월을 더 예보하고 싶다면 아래와 같이 수행하면 된다. 아래 예보치를 출력해보면 Lo 80, Hi 80, Lo 95, Hi 95의 값이 있는데 이는 각각 80%와 95% 신뢰구간을 나타낸다.

```
install.packages("forecast")
library(forecast)
Air.forc.long <- forecast(Air.forc, h=48)

> Air.forc.long
         Point Forecast    Lo 80    Hi 80    Lo 95    Hi 95
Jan 1961       6.108089 6.057867 6.158312 6.031281 6.184898
Feb 1961       6.049299 5.996436 6.102161 5.968452 6.130145
Mar 1961       6.162551 6.107146 6.217956 6.077816 6.247285
Apr 1961       6.222759 6.164896 6.280622 6.134265 6.311252
May 1961       6.249772 6.189525 6.310019 6.157633 6.341912
Jun 1961       6.381073 6.318508 6.443638 6.285388 6.476758
Jul 1961       6.529499 6.464674 6.594324 6.430357 6.628640
Aug 1961       6.520228 6.453195 6.587261 6.417709 6.622746
```

04 이제 예측된 데이터를 이용하여 그래프를 그려보면 아래와 같이 48개월이 추가로 예측되어 1964년 12월까지의 데이터가 출력됨을 확인할 수 있다. 예측된 데이터는 파란색선, 80%, 95% 신뢰구간은 각각 옅은 회색과 짙은 회색 음영으로 표시되어 있다.

05 아래 그래프는 로그를 취한 값이므로 원래의 값으로 환산하기 위해서는 지수함수를 취하여야 한다[`exp(Air.forc.long$mean)`, `exp(Air.forc.long$lower)`, `exp(Air.forc.long$upper)`]. 1964년 12월의 승객수는 665.5245명으로 예측하고 있으며, 95% 신뢰구간에서 524.1238명($lower)~845.0730명($upper)의 범위를 갖는다.

```
plot(Air.forc.long)
```

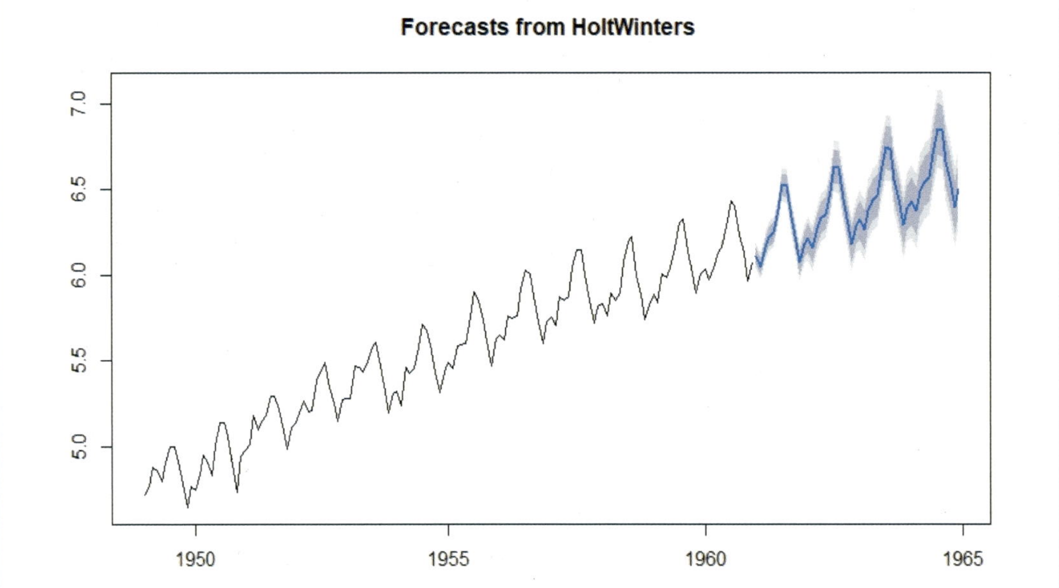

06 앞서 AirPassengers 데이터는 가법모델(additive model) 적용을 위해 로그 스케일을 적용하였다. 만약 로그를 취하지 않은 원본 시계열 데이터를 이용하여 값을 예측하면 얼마나 차이가 있을까? 두 값의 차이가 거의 없다면 로그를 취하지 않고 바로 가법모델(additive model)을 적용해도 될 것이다. 따라서 이 두 경우의 차이를 확인해보기로 하자.

07 먼저 원본 시계열 데이터(AirPassengers)로부터 로그를 취하지 않고 `HoltWinters()` 및 `forecast()` 함수를 이용하여 데이터를 예측한다. 그 뒤 로그를 취하여 예측한 값과 비교하

여 그래프를 그려보면 되는데, 아래와 같이 두 값의 차이가 크게 나타남을 알 수 있다. 따라서 데이터를 분석할 때 가법모델이 적합한지, 아니면 승법모델이 적합한지를 먼저 판단하는 것이 필요하다.

```
Air.unlog <- HoltWinters(AirPassengers)
Air.unlog.long <- forecast(Air.unlog, h=48)

plot(exp(Air.forc.long$mean), ylab="Air passengers")
points(Air.unlog.long$mean, col="red", type="l")
legend( 1961,900, c("Log", "Original   "), text.col = c("black","red"))
```

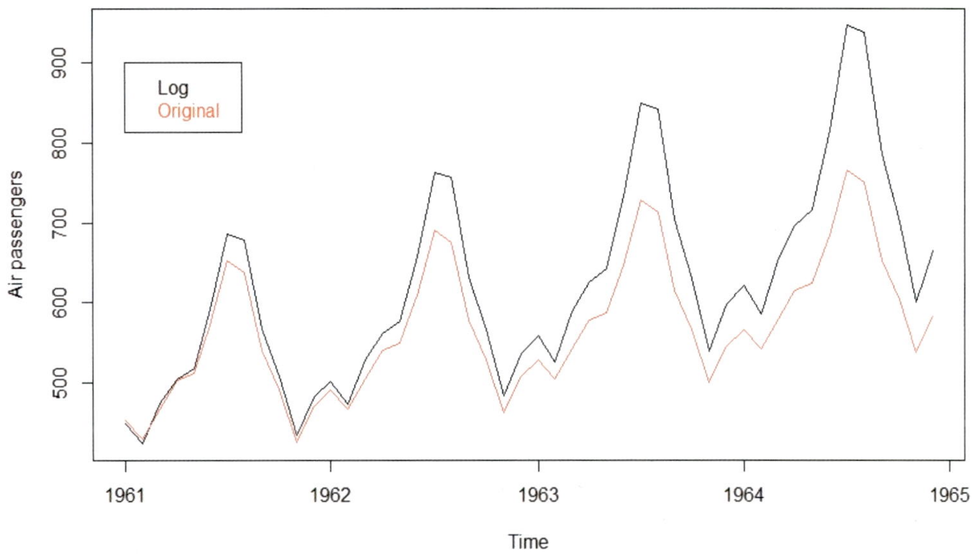

실제 관측된 CO2 농도 데이터를 이용한 단기 예보

▶ 지구온난화의 주요한 원인 중의 하나가 지구에서 배출되는 CO2의 농도가 지속 증가한다는 것이다. 이에 따라 NOAA 홈페이지에서 전지구 평균 CO2 농도를 데이터화 하여 제공하고 있는데, 여기서는 https://gml.noaa.gov/ccgg/trends/gl_data.html에서 다운로드받은 월평균 CO2 농도 데이터를 활용하여 단기 예보를 해보도록 한다. 해당 홈페이지에서 자료를 다운로드받는 방법은 아래와 같다.

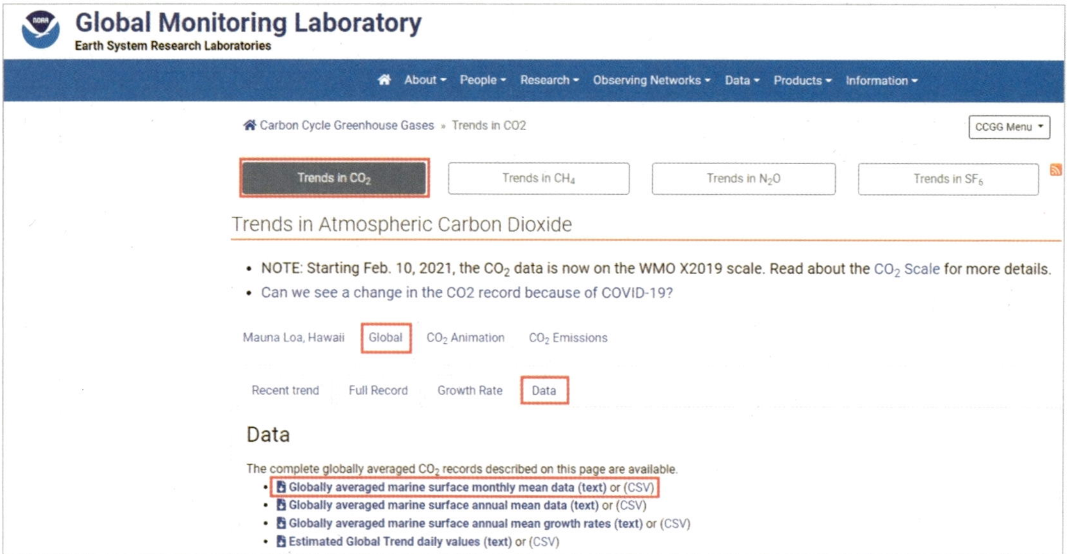

▶ 다운로드된 데이터를 read.csv로 읽어들여 출력하면 아래와 같다. 한편, 해당 자료를 github에도 업로드해 두었으므로 웹사이트 링크를 통해 바로 읽어들일 수도 있다.

```
gco2 <- read.csv("co2_mm_gl.csv")

> gco2
   year month  decimal average  trend
1  1980     1 1980.042  338.55 337.93
2  1980     2 1980.125  339.27 338.22
3  1980     3 1980.208  339.60 338.25
4  1980     4 1980.292  339.99 338.37
5  1980     5 1980.375  340.44 338.90
```

```
gco2 <- read.csv("https://raw.githubusercontent.com/ssbyun/data/main/co2_mm_gl.csv")
```

▶ 위 자료는 첫 번째 열부터 연도(year), 월(month), 연도와 월을 소수점으로 나타낸 것(decimal), 월평균 CO2 농도(average), 농도의 변화 추세(trend) 순으로 구성되어 있다.

01 먼저 해당 자료를 아래와 같이 그려볼 수 있는데, 검정색 실선은 평균농도, 빨간색 실선은 농도의 변화 추세를 나타낸다.

```
plot(gco2$decimal, gco2$average, type="l")
points(gco2$decimal, gco2$trend, type="l", col="red")
```

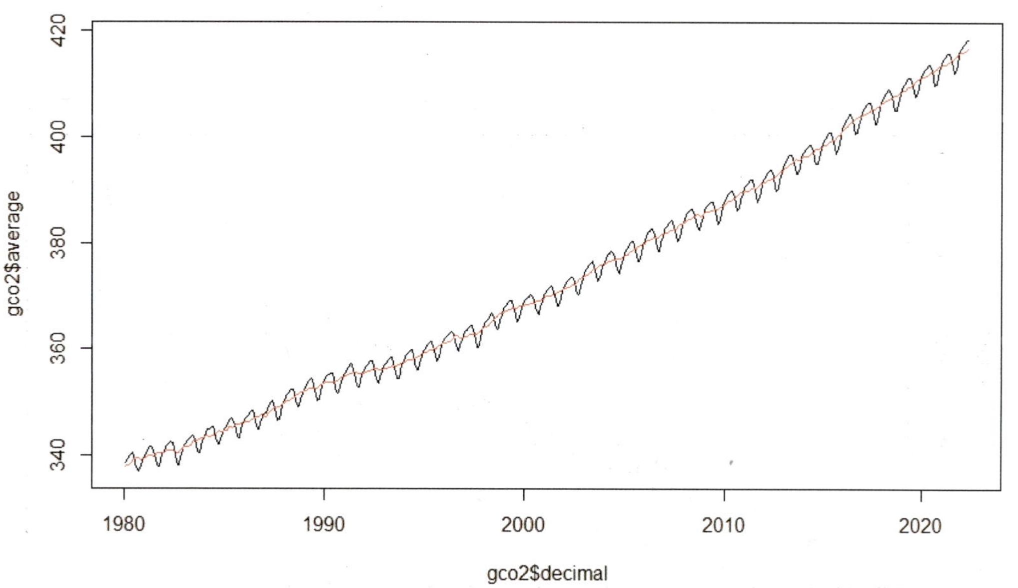

02 다운받은 자료는 이미 계산된 trend가 포함되어 있다. 하지만 우리는 trend의 값이 없다고 가정하고, 관측된 월평균 CO2 농도 자료를 이용하여 시계열 분석을 하고 단기 예보를 수행해보도록 하자.

03 시계열 분석을 위해 `ts()` 함수를 이용할 것인데, 원본 데이터에 기록된 시간 자료는 `ts()` 함수에 직접 적용할 수 없으므로 CO2 농도 자료만을 이용하여 `ts()` 함수 내에서 적용 가능한

시간 형식으로 만들어주고, 시계열 데이터로 변환해보자. 데이터의 시작이 1980년 1월부터이고, 월별 데이터이므로 시간 데이터를 아래와 같이 쉽게 만들 수 있다.

```
ts.gco2 <- ts(gco2$average, frequency=12, start=c(1980, 1))

> head(ts.gco2, 20)
        Jan    Feb    Mar    Apr    May    Jun    Jul    Aug    Sep    Oct    Nov    Dec
1980 338.55 339.27 339.60 339.99 340.44 339.99 338.44 337.21 337.05 337.82 338.93 339.64
1981 340.18 340.75 341.38 341.68 341.43 340.62 339.22 338.08
```

04 이제 시계열(time series) 데이터로 정상적인 변환이 되었는지 그래프를 그려보면 아래와 같이 데이터가 이상 없음을 확인할 수 있다.

```
plot(ts.gco2)
```

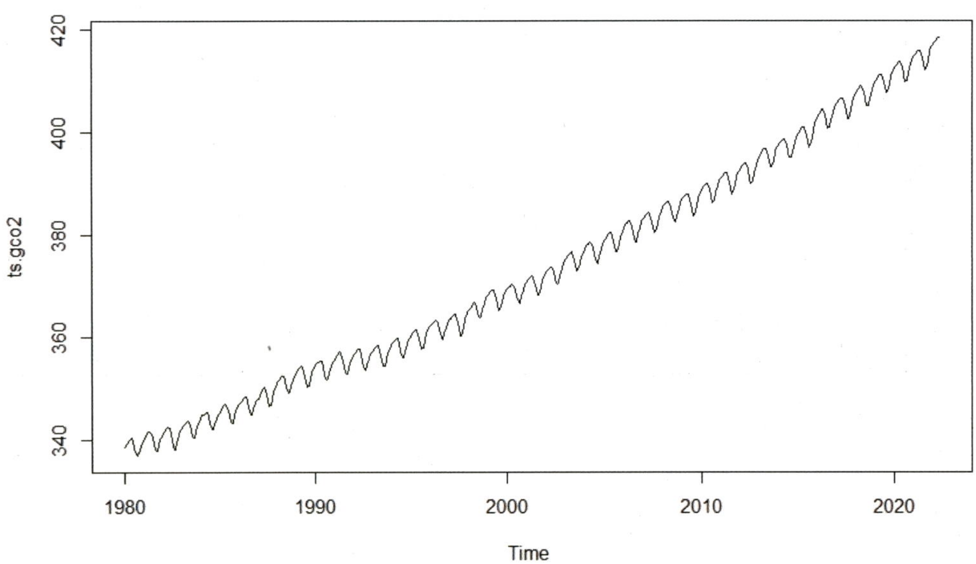

▶ 다음으로 앞서 알아보았던 방법으로 time series 데이터를 trend, seasonal, 그리고 random 성분으로 분해해보도록 한다.

```
gco2.dec <- decompose(ts.gco2)
plot(gco2.dec)
```

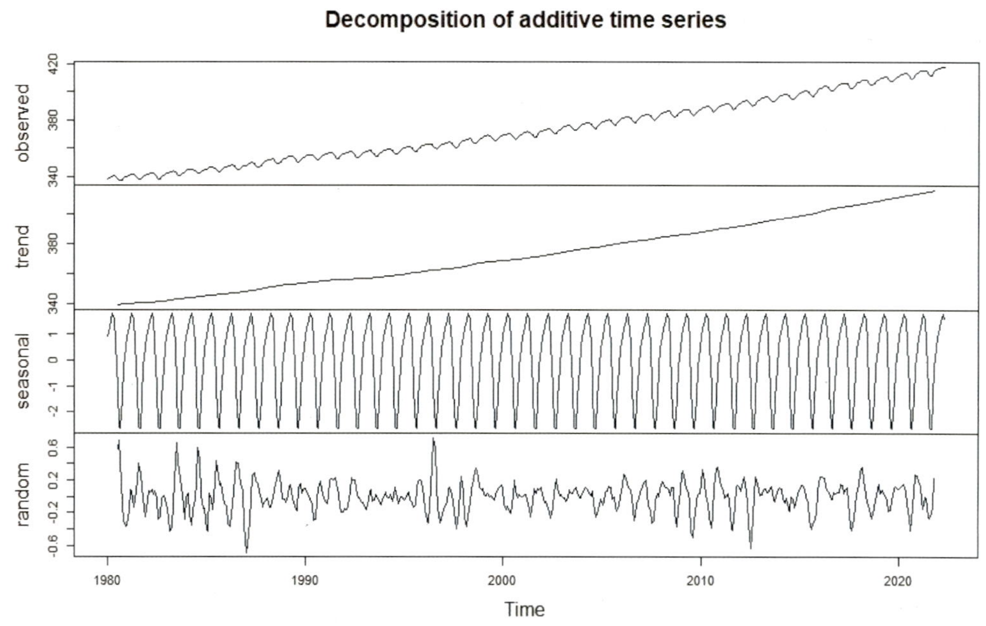

01 decompose() 함수를 이용하여 분석을 수행한 결과 trend는 상승하는 추세가 뚜렷하고, 계절적 변동 또한 뚜렷함을 확인할 수 있다. 따라서 이 데이터는 단기 예보에 적합하다고 할 수 있다.

02 아래와 같이 decompose() 함수를 이용하여 계산된 trend를 CO2 농도 time series와 함께 그려보면 다운로드 파일에 포함되어 있는 trend 값과 거의 유사한 결과값이 도출되었음을 확인할 수 있다. 값이 서로 정확히 일치하지 않는 것은 각각을 계산하는 모델의 기법이나 오차의 차이가 있기 때문이다.

```
plot(ts.gco2)
points(gco2.dec$trend, type="l", col="red")
```

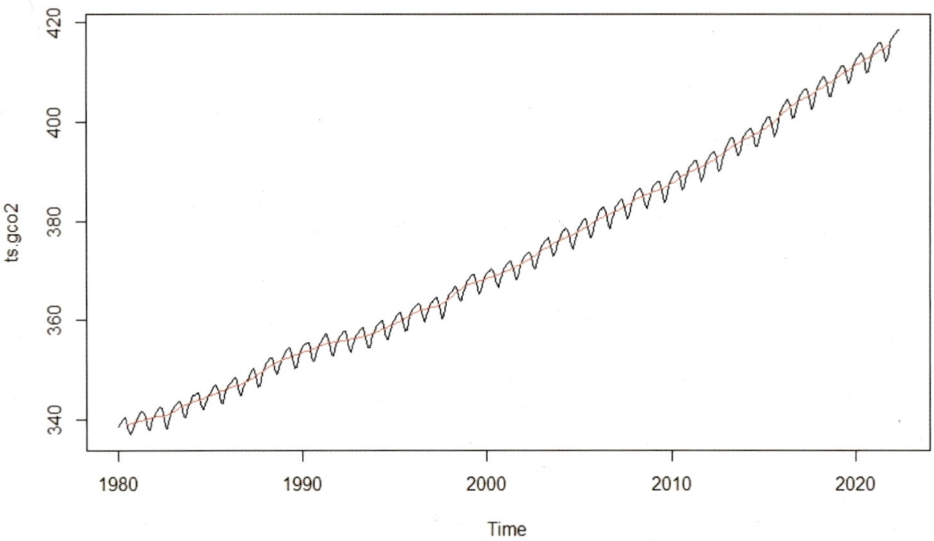

03 만약 계절효과를 제거한 그래프가 궁금하다면 아래와 같이 원본 time series 데이터에서 계절성분($seasonal)을 제거한 값을 그려보면 된다. 이 결과에는 계절성분이 제거되었으므로 추세와 불규칙 성분만 포함된다.

```
gco2_season <- ts.gco2 - gco2.dec$seasonal
plot(gco2_season)
```

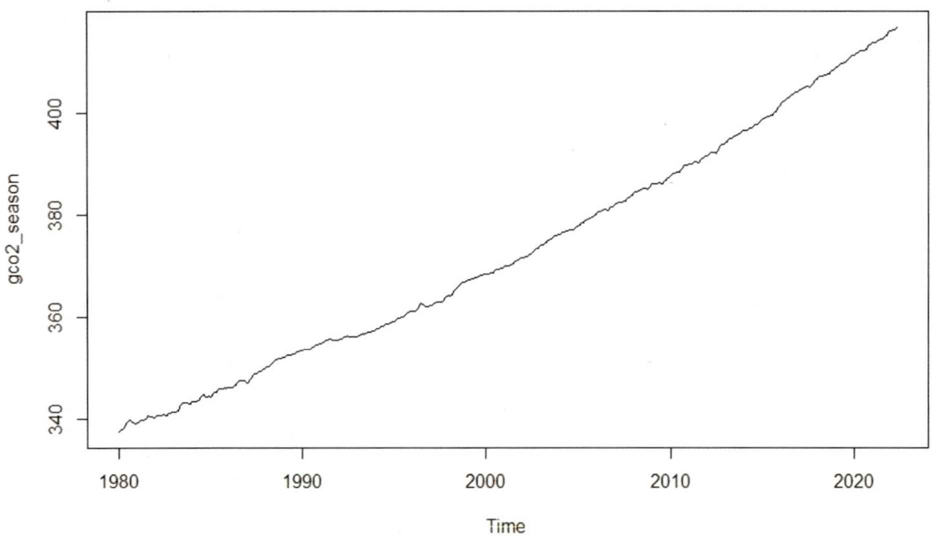

▶ 위 그래프를 보면 CO2의 농도는 지속 증가할 것으로 추정되는데, 현재의 추세대로라면 향후 얼마나 상승할 수 있을까? 이를 예측하는 것은 지구온난화를 연구함에 있어서도 중요한 요소 중의 하나이다. 따라서 이제는 Holt-Winters exponential smoothing 기법을 이용하여 CO2 농도가 얼마나 증가할 수 있는지 단기 예보를 수행해보도록 하자.

▶ 한편 CO2 농도 변화는 시간의 흐름에 따른 자료의 변동폭이 거의 일정하므로 가법모형(additive model) 적용이 가능하다. 따라서 여기서는 로그를 취하지 않고 모델을 적용한다. 아래와 같이 분석해보면 gamma는 1로 최대값을 보이고, alpha는 0.76으로 비교적 높은 값이 제시되었다.

```
gco2.forc <- HoltWinters(gco2)

> gco2.forc

Holt-Winters exponential smoothing with trend and additive seasonal component.
Call:
HoltWinters(x = gco2.log)
     Smoothing parameters:
 alpha : 0.763066
 beta  : 0.01262056
 gamma : 1
Coefficients:
              [,1]
a    6.0318644434
b    0.0004728963
s1   0.0019304401
s2  -0.0028232197
```

01 관측된 데이터와 예측된 자료를 비교하여 그려보면 검정선은 원본 데이터, 빨간선은 예측값인데 거의 구분이 가지 않을 정도로 잘 일치하는 것을 알 수 있다.

```
plot(gco2.forc)
```

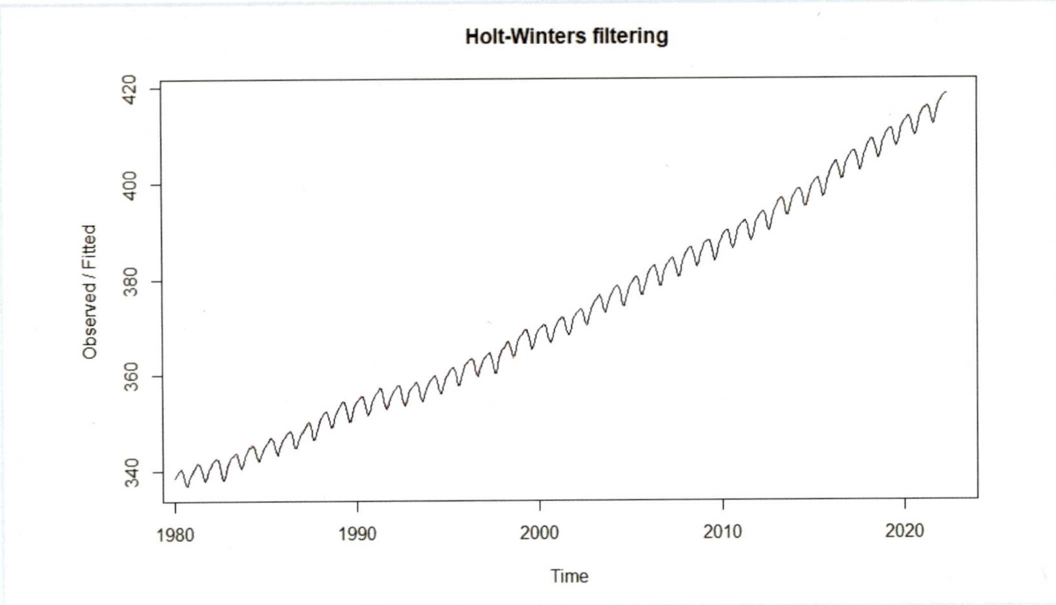

02 그럼 이제 향후 8년간 CO2 농도가 얼마나 증가할지 예보를 수행해보도록 하자. forecast() 패키지를 이용하여 예보를 수행하고 결과를 그래프로 나타내면 다음과 같다.

```
library(forecast)
gco2.forc.long <- forecast(gco2.forc, h=12*8)
plot(gco2.forc.long)
```

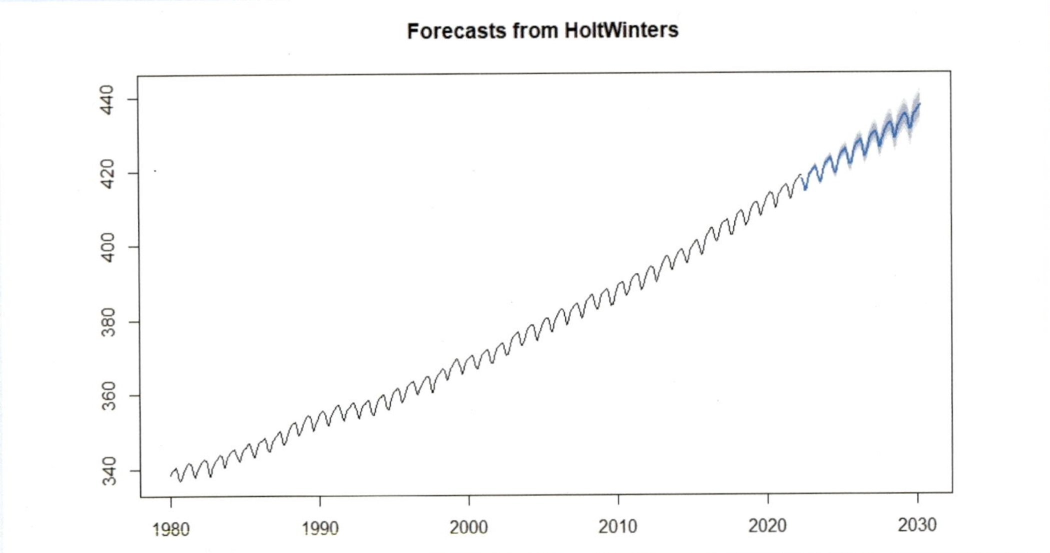

03 위의 결과에서 보여주는 바와 같이 2030년의 CO2 농도는 약 437ppm까지 상승할 것으로 예측되었다. 이 예측값은 gco2.forc.long$mean에서 확인할 수 있으며, 95% 신뢰구간 내의 값은 432.2081~441.9401ppm의 범위를 가진다. 80%와 95% 신뢰구간 내에서의 상단과 하단 값은 $upper와 $lower에서 확인할 수 있다.

▶ 우리나라 기상청 기후정보포털(climate.go.kr) 사이트의 기후변화감시 탭에도 안면도, 고산, 울릉도, 독도에서 관측된 CO2 농도 데이터를 제공하고 있으므로 관련 자료를 다운받아 활용해보기 바란다.

Lecture 07

Google 지도 위에 태풍 이동경로 그리기

▶ Google 지도 위에 태풍 이동경로를 그리기 위해서는 다음의 단계를 먼저 이해할 필요가 있다.

① 데이터 배열의 이해

② 실제 데이터 자료 읽고 다루기

③ Google map 그리기

④ ggplot2 패키지를 활용한 그림 그리기

따라서 위 내용 순서대로 배워보도록 하자.

① 데이터 배열의 이해

▶ 2차원 행렬

```
x  <- c(1,3,5,7,9)
y  <- c(2,4,6,8,10)
xy <- cbind(x, y)
xy
```

```
     x  y
[1,] 1  2
[2,] 3  4
[3,] 5  6
[4,] 7  8
[5,] 9 10
```

```
x  <- c(1,3,5,7,9)
y  <- c(2,4,6,8,10)
xy1 <- rbind(x, y)
xy1
```

```
  [,1] [,2] [,3] [,4] [,5]
x    1    3    5    7    9
y    2    4    6    8   10
```

위에서 cbind는 열(column) 단위로 합치라는 의미이고, rbind는 행(row) 단위로 합치라는 의미이다.

그럼 이제 해당 데이터에서 특정 데이터값을 출력하는 방법을 알아보자.

- 위의 두 번째 박스(xy1)의 배열은 "2 × 5" 행렬이다.
- 숫자 3 출력(1번행의 2번열) : xy1[1,2]
- 숫자 8 출력(2번행의 4번열) : xy1[2,4]
- 첫 번째열 모두 출력 : xy1[,1] * 전체 선택은 공란으로 두면 된다.
- 첫 번째행 모두 출력 : xy1[1,]
- xy1 행렬 모두 출력 : xy1[,]

▶ 3차원 행렬

```
a <- array( c(1:18), dim=c(3,3,2) )
a
```

```
, , 1
     [,1] [,2] [,3]
[1,]    1    4    7
[2,]    2    5    8
[3,]    3    6    9

, , 2
     [,1] [,2] [,3]
[1,]   10   13   16
[2,]   11   14   17
[3,]   12   15   18
```

위는 1부터 18까지의 수를 "3 × 3 × 2 행렬"로 만든 것이다.

즉, 아래 그림과 같이 "3 × 3" 행렬 2 set가 있다는 것이다.

Set1

1	4	7
2	5	8
3	6	9

Set2

10	13	16
11	14	17
12	15	18

이 경우 첫 번째 set의 5(2번행, 2번열, 1번 set)를 출력 : a[2,2,1]

- 두 번째 set의 15(3번행, 2번열, 2번 set)를 출력 : a[3,2,2]
- 첫 번째 set 모두 출력 : a[, , 1]
- 두 번째 set 모두 출력 : a[, , 2]

② 실제 데이터 자료 읽고 다루기

앞서 "Lecture 3"에서도 다양한 형식의 데이터 읽는 방법을 알아보았는데, 여기에서는 다른 패키지 활용법과 자료 편집 방법에 대해 좀 더 알아보기로 한다.

▶ csv 자료(쉼표로 구분한 텍스트 데이터), xlsx 자료 읽기

▶ 자료 예시(아파트 시세자료) : APT.csv, APT.xlsx

시군구	번지	단지명	전용면적(㎡)	거래금액(만원)
서울특별시 마포구 공덕동	371	공덕1삼성래미안	114.88	144000
서울특별시 마포구 공덕동	43	공덕2삼성래미안	84.94	125000
서울특별시 마포구 공덕동	43	공덕2삼성래미안	84.94	130000
서울특별시 마포구 공덕동	43	공덕2삼성래미안	84.94	130000
서울특별시 마포구 공덕동	457	공덕3삼성래미안	59.97	125000
서울특별시 마포구 공덕동	457	공덕3삼성래미안	59.97	123000
서울특별시 마포구 공덕동	457	공덕3삼성래미안	59.97	121000
서울특별시 마포구 공덕동	4-32	공덕스카이	84.97	60000
서울특별시 마포구 공덕동	468	두영이지안	84.7	66500
서울특별시 마포구 공덕동	464	래미안공덕4차	59.9	117000
서울특별시 마포구 공덕동	464	래미안공덕4차	83.42	128000
서울특별시 마포구 공덕동	464	래미안공덕4차	83.42	142500
서울특별시 마포구 공덕동	464	래미안공덕4차	59.9	113000
서울특별시 마포구 공덕동	464	래미안공덕4차	59.9	114200
서울특별시 마포구 공덕동	469	래미안공덕5차	84.851	149500
서울특별시 마포구 공덕동	469	래미안공덕5차	84.871	156000
서울특별시 마포구 공덕동	469	래미안공덕5차	59.959	129800

▶ 위의 자료(APT.csv, APT.xlsx) 읽고 확인하기

```
library(dplyr)    # rename 명령을 위해 필요
library(readxl)   # csv, xlsx 읽기 위해 필요
data <- read.csv("APT.csv")
head(data)
```

```
               시군구 번지             단지명 전용면적... 거래금액.만원.
1 서울특별시 마포구 공덕동  371 공덕1삼성래미안     114.88         144000
2 서울특별시 마포구 공덕동   43 공덕2삼성래미안      84.94         125000
3 서울특별시 마포구 공덕동   43 공덕2삼성래미안      84.94         130000
4 서울특별시 마포구 공덕동   43 공덕2삼성래미안      84.94         130000
5 서울특별시 마포구 공덕동  457 공덕3삼성래미안      59.97         125000
6 서울특별시 마포구 공덕동  457 공덕3삼성래미안      59.97         123000
```

▶ 변수명 변경

```
data1 <- rename(data, Area=전용면적..., Cost=거래금액.만원.)
head(data1)
```

```
               시군구 번지             단지명   Area   Cost
1 서울특별시 마포구 공덕동  371 공덕1삼성래미안 114.88 144000
2 서울특별시 마포구 공덕동   43 공덕2삼성래미안  84.94 125000
```

```
3 서울특별시 마포구 공덕동   43 공덕2삼성래미안  84.94 130000
4 서울특별시 마포구 공덕동   43 공덕2삼성래미안  84.94 130000
5 서울특별시 마포구 공덕동  457 공덕3삼성래미안  59.97 125000
6 서울특별시 마포구 공덕동  457 공덕3삼성래미안  59.97 123000
```

- 위의 rename 명령을 이용하여 "전용면적..."은 Area로, "거래금액.만원."은 Cost로 바뀐 것을 확인할 수 있다.

▶ 변수명에 할당된 자료 추출

```
area <- data1$Area
cost <- data1$Cost
area
```

```
 [1] 114.8800  84.9400  84.9400  84.9400  59.9700  59.9700  59.9700  84.9700
 [9]  84.7000  59.9000  83.4200  83.4200  59.9000  59.9000  84.8510  84.8710
[17]  59.9590  84.9600  32.3400  31.5700  34.6400  84.7700  59.4000  84.7700
[25]  59.4000  84.7700  59.4000  68.2200  68.2200  54.7200 147.3700  54.7200
[33]  68.2200  54.7200  58.6500  75.3600  72.1850  68.9400  68.9400  79.9700
[41] 111.7250 105.5200  59.0000  38.8800  75.7000  85.0000  38.0800  39.9100
[49] 113.2500 113.2500 113.2500 113.2500 113.2500  51.4800  84.9000  59.9000
...
```

- Area 값만 출력하고 싶으면 데이터 세트 이름인 data1 뒤에 $Area를 붙여 area라는 변수명에 할당. area 값을 출력해보면 위와 같이 데이터가 정상적으로 추출되었음을 확인할 수 있다.

▶ area와 cost 값을 합친 배열 만들기

```
cdata <- cbind(area, cost)
head(cdata)
```

```
       area   cost
[1,] 114.88 144000
[2,]  84.94 125000
[3,]  84.94 130000
[4,]  84.94 130000
[5,]  59.97 125000
[6,]  59.97 123000
```

• area 값이 첫 번째 열에, cost 값이 두 번째 열에 잘 배열된 것을 확인할 수 있다.

③ Google map 그리기

▶ Google map을 그리기 위해서는 개인 API를 할당받아야 하는데 이 방법은 인터넷을 검색하면 상세히 설명되어 있으므로 생략하기로 한다.

• Google Maps Platform(https://cloud.google.com/maps-platform/terms)에서 발급

```
install.packages("ggplot2")
install.packages("ggmap")
library(ggplot2)
library(ggmap)

register_google(key = '개인 API Key')

ggmap(get_map(location='south korea', zoom=7,
      maptype='roadmap'))
```

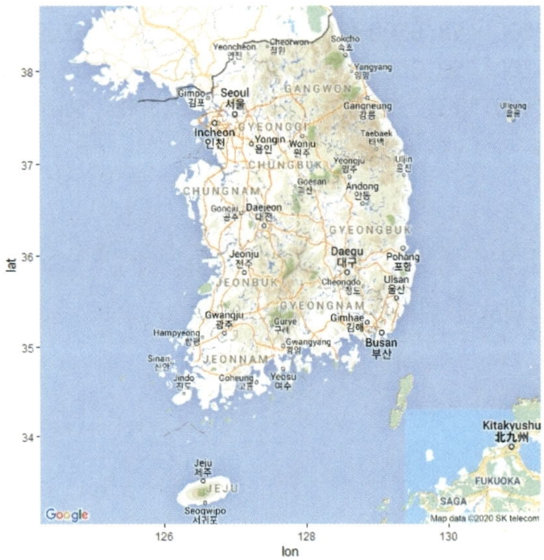

• 위에서 보는 바와 같이 Google maps API key가 있을 경우 단 한줄 명령으로 Google 지도를 그려볼 수 있다.

• maptype은 roadmap, terrain, satellite 등이 있는데 원하는대로 변경하여 활용 가능하다.

▶ 서울을 중심으로 지도 그리기

```
se <- geocode(enc2utf8("서울"))     # 서울 경위도 얻기
ct <- as.numeric(se)               # 경위도를 숫자로 변환
map <- get_googlemap(center=ct)    # Creating a map

ggmap(map)
```

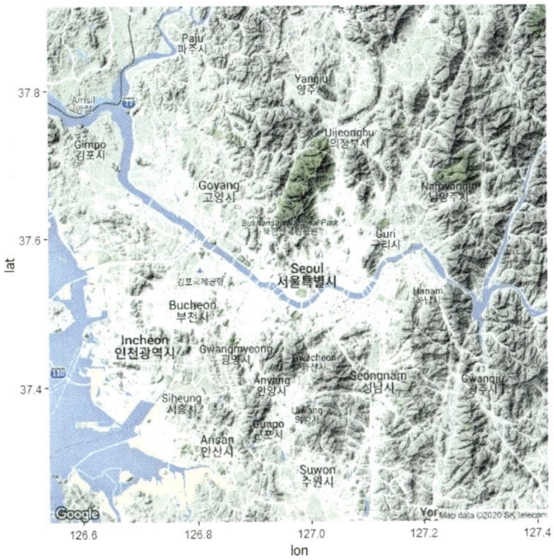

▶ 좌표값을 중심으로 지도 그리기 : qmap 명령 활용

```
qmap(location = c(lon = 127, lat = 37.5), zoom = 11,
    maptype = 'terrain', source = 'google')
```

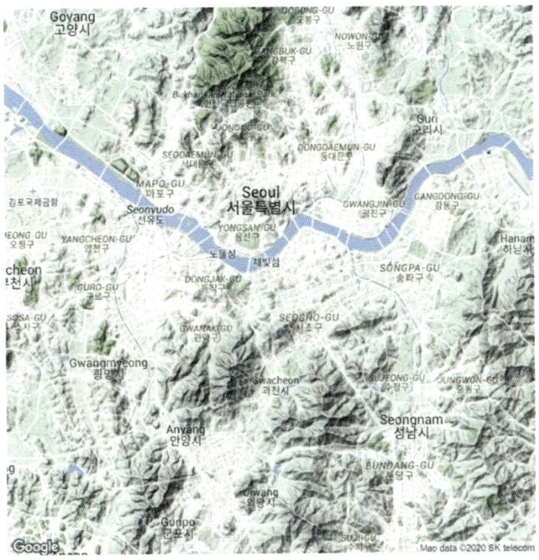

④ ggplot2 패키지를 활용한 그림 그리기

▶ Google 지도상 원하는 위치에 점 찍기

- 먼저 숫자와 문자를 혼합하여 data frame 형태로 경위도 정보를 만든다.
- ggplot2 패키지의 내장 함수인 geom_point를 이용하여 해당 경위도 위치에 빨간색 점을 찍는다.

```
df <- data.frame( 129:131, c(36, 37.5, 38) )
colnames(df) <- c("lon", "lat")
str(df)
```

```
'data.frame':    3 obs. of  2 variables:
 $ lon: int  129 130 131
 $ lat: int   36  37  38
```

```
map <- ggmap(get_map(location='south korea', zoom=7, maptype='roadmap'))

map + geom_point(data=df, aes(x=lon, y=lat), color="red", size=5)
```

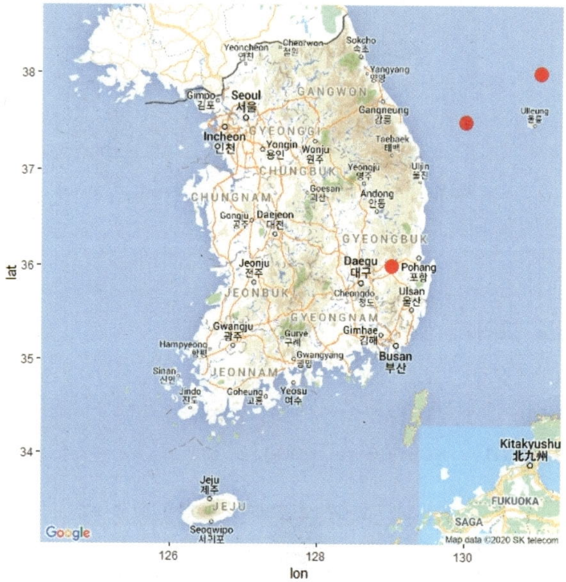

▶ Google 지도상 원하는 점과 선 그리기

```
map + geom_point(data=df, aes(x=lon, y=lat), color="red", size=5 ) +
    geom_line(data=df, aes(x=lon, y=lat), color="blue", linetype=1)
```

▶ 지정된 영역 범위 내 지도 그리기

```
# 지도 영역 설정
lat_bottom = 10
lat_top    = 50
lon_left   = 110
lon_right  = 150

trymap <- get_map(location = c(lon_left, lat_bottom,lon_right, lat_top),
                  maptype='terrain')
ggmap(trymap)
```

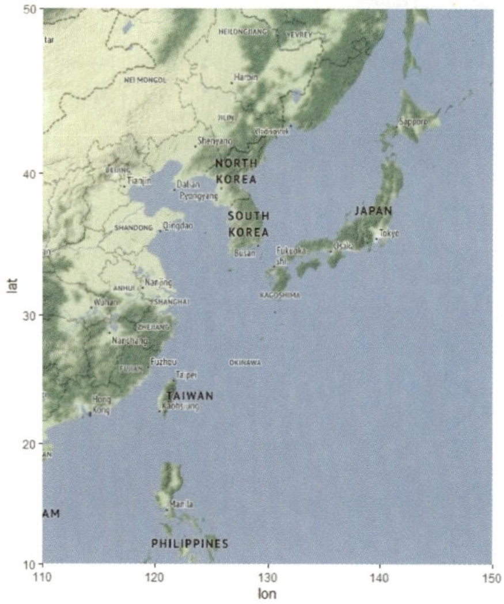

▶ 실제 태풍 track data를 읽어들여 지도에 표시

- 태풍 track 정보는 JTWC(미국 합동태풍경보센터)에서 연도별 txt 형태의 자료를 다운로드받을 수 있는데, 필요한 정보를 편집하여 csv로 만들어 활용하면 용이하다.

  (북서태평양 자료 : https://www.metoc.navy.mil/jtwc/jtwc.html?western-pacific)

- 위 홈페이지 링크로 접속하여 아래와 같이 북서태평양을 선택한다.

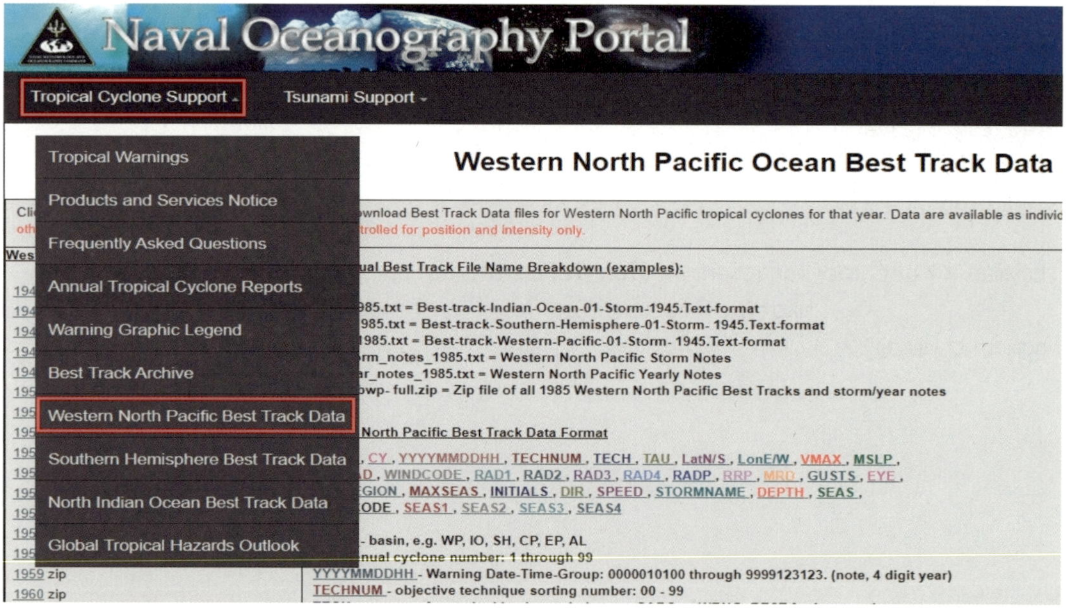

• 태풍 track은 연도별 "*.zip" 파일로 되어 있는데, 1960년 자료를 다운받아 보려면 아래와 같다.

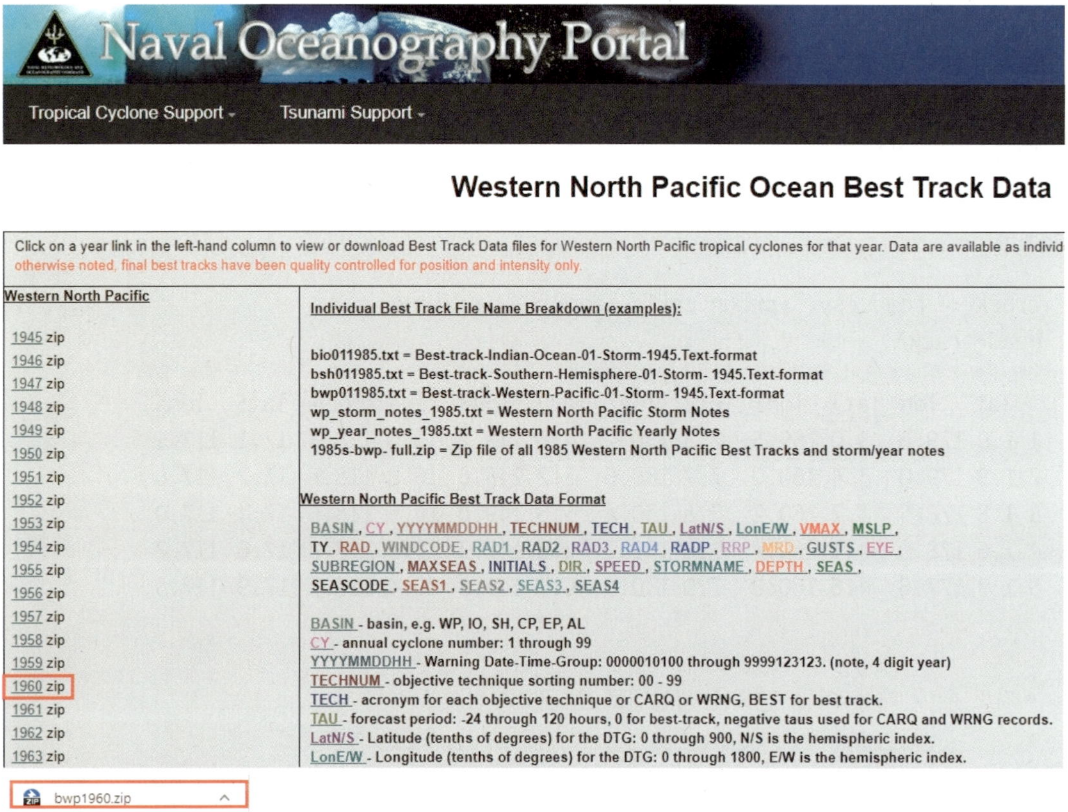

• zip 파일을 열어보면 아래와 같고, bwp011960.txt에서 숫자의 의미는 1960년 제1호 태풍 (011960)이라는 의미이다. 해당 파일을 열어보면 시간과 위도, 경도 정보를 확인할 수 있다.

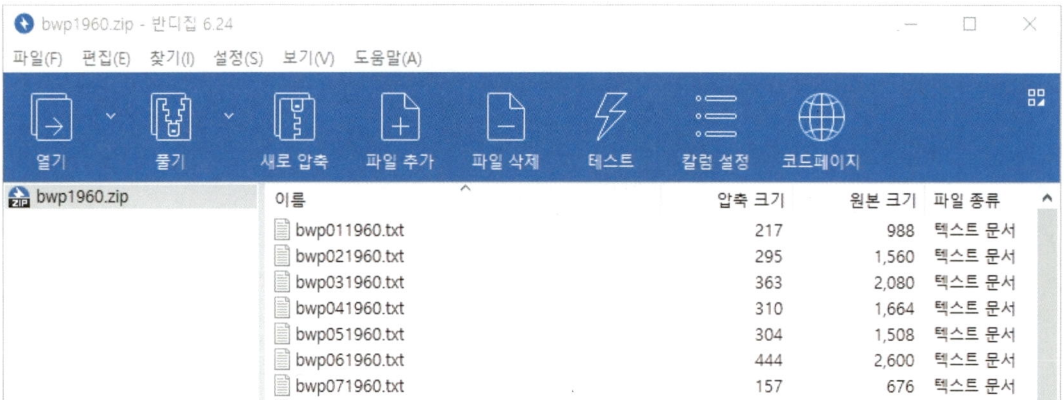

bwp011960.txt - Windows 메모장

파일(F) 편집(E) 서식(O) 보기(V) 도움말(H)

```
WP, 01, 1960042200 , BEST, 0, 98N, 1238E, 25
WP, 01, 1960042206, , BEST, 0, 101N, 1232E, 25
WP, 01, 1960042212, , BEST, 0, 105N, 1224E, 30
```

- 해당 사이트에서 필요한 자료를 추출 후 필자가 재구성한 자료(typhoon.csv)는 아래와 같다.

  ＊header=T : 첫 행에 문자가 있다는 의미, as.is=T : 원래 데이터 형태로 읽기

```
track <- read.csv("yphoon.csv", header=T, as.is=T)
head(track)
```

	lat	lon	lat1	lon1	lat2	lon2	lat3	lon3	lat4	lon4	lat5	lon5
1	1.9	179.6	3.0	159.5	7.5	130.7	4.6	148.2	16.0	118.8	17.1	117.1
2	1.9	179.0	3.4	160.0	7.7	130.6	5.2	148.6	16.3	118.8	17.2	117.0
3	1.8	178.5	3.7	160.2	7.8	130.4	5.8	149.0	16.5	118.6	17.4	117.0
4	1.6	178.0	4.1	160.4	7.8	130.2	6.3	149.3	16.5	118.3	17.6	117.2
5	1.3	177.6	4.6	160.6	7.9	130.0	6.7	149.8	16.4	118.1	17.9	117.5

- 지도 위에 태풍 이동 경로를 색깔별로 점 찍기

```
ggmap(trymap) + geom_point(data=track, aes(x=lon, y=lat), color="blue") +

  geom_point(data=track, aes(x=lon1, y=lat1), color="red") +
  geom_point(data=track, aes(x=lon10, y=lat10),  color="black")
```

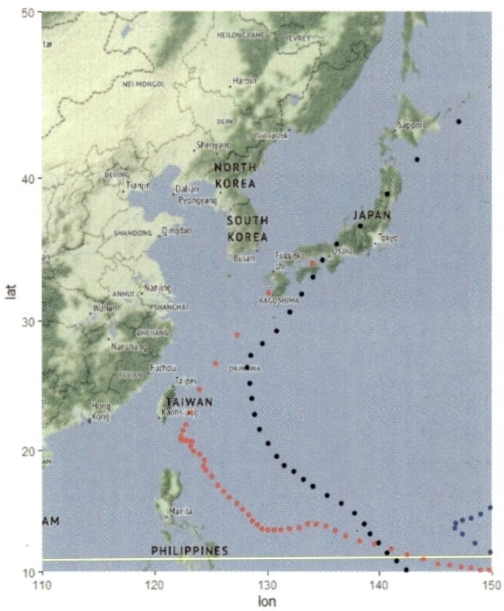

• 지도 위에 태풍 이동 경로를 선으로 연결 : geom_path 활용

주의 | geom_line 명령 이용시 선 연결이 순차적으로 되지 않을 수 있음.

```
ggmap(trymap) + geom_point(data=track1, aes(x=lon1, y=lat1), color="red") +
  geom_path(data=track, aes(x=lon1, y=lat1), color="black", linetype=1) +

  geom_point(data=track, aes(x=lon2, y=lat2), color="blue") +
  geom_path(data=track, aes(x=lon2, y=lat2), color="black", linetype=1) +

  geom_point(data=track, aes(x=lon10, y=lat10), color="blue") +
  geom_path(data=track, aes(x=lon10, y=lat10), color="black", linetype=1) +

  geom_point(data=track, aes(x=lon11, y=lat11), color="yellow") +
  geom_path(data=track, aes(x=lon11, y=lat11), color="black", linetype=1)
```

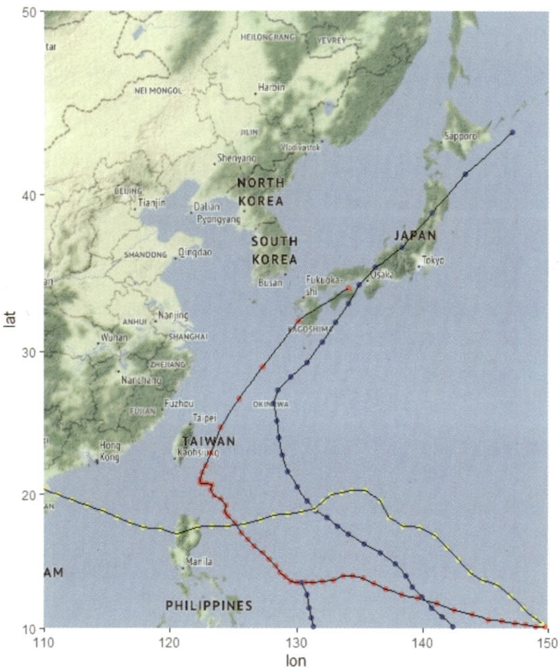

• 지도 위에 Text 삽입 : annotate 활용, 일본열도 위에 Typhoon 글자가 확인된다.

```
ggmap(trymap) + geom_point(data=track1, aes(x=lon1, y=lat1), color="red") +
  geom_path(data=track, aes(x=lon1, y=lat1), color="black", linetype=1) +

  geom_point(data=track, aes(x=lon2, y=lat2), color="blue") +
  geom_path(data=track, aes(x=lon2, y=lat2), color="black", linetype=1) +

  geom_point(data=track, aes(x=lon10, y=lat10), color="blue") +
  geom_path(data=track, aes(x=lon10, y=lat10), color="black", linetype=1) +

  geom_point(data=track, aes(x=lon11, y=lat11), color="yellow") +
  geom_path(data=track, aes(x=lon11, y=lat11), color="black", linetype=1) +

    annotate("text", x=136, y=35.2, label="Typhoon", size=5, color="black")
```

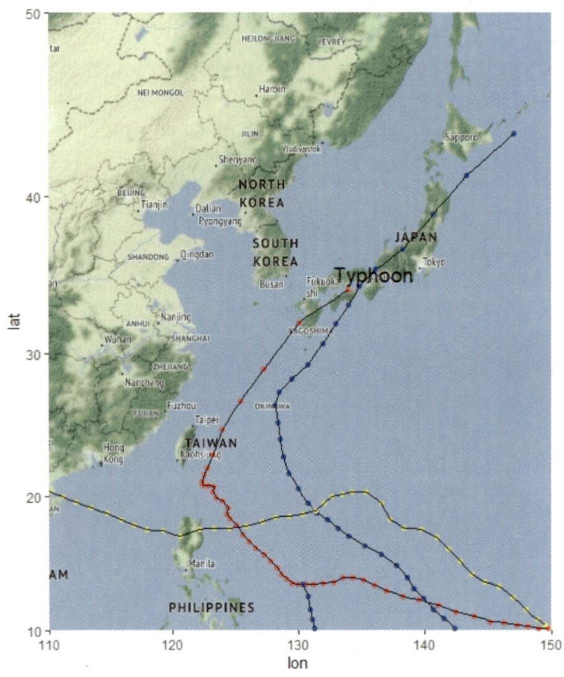

• 그림 저장 방법 : ggsave(file="D:/RScript/Figure/Typhoon.png")

▶ JTWC data(bwp082019/2019년 제8호 태풍)를 직접 읽어들여 그리기

```
# Direct reading from JTWC DATA
track <- read.csv("D:/RScript/data/bwp082019.dat", header=F, as.is=T)
lat=track[,7]
lat1 <- as.numeric(sub("N", "", lat))  # N을 없애고 숫자로 만든다
lon1=track[,8]
track <- cbind(lon1, lat1)
track1 <- track[,]/10              # 실제 경위도 값 고려 10으로 나눔

# make data frame
track_df <- data.frame(track1)
colnames(track_df) <- c("lon", "lat")

# Make a map
lat_bottom = 10
lat_top    = 40
lon_left   = 100
lon_right  = 130

trymap <- get_map(location = c(lon_left,lat_bottom,lon_right,lat_top),
                  maptype='terrain')

#--- geom path
ggmap(trymap) + geom_point(data=track_df, aes(x=lon, y=lat), color="red") +
   geom_path(data=track_df, aes(x=lon, y=lat), color="black", linetype=1)
```

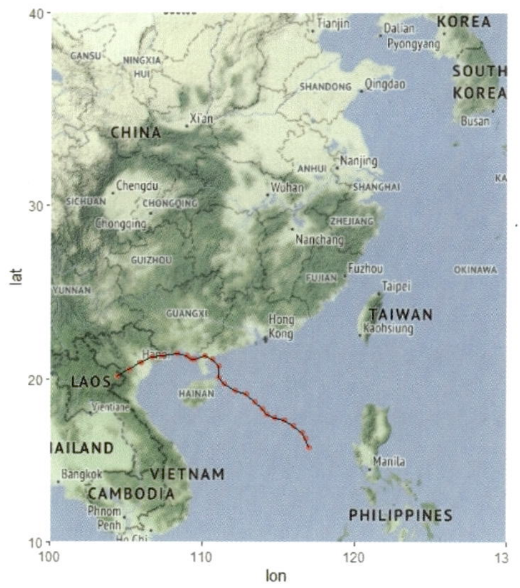

- **태풍정보 확인** : 기상청 날씨누리(https://www.weather.go.kr/weather/main.jsp)에서 태풍 찾아보기 탭을 선택한다.

- 연도별 발생 태풍 현황은 아래와 같이 검색하여 쉽게 확인할 수 있으므로 기상청 사이트를 참고하는 것도 유용한 방법이니 참고 바란다.

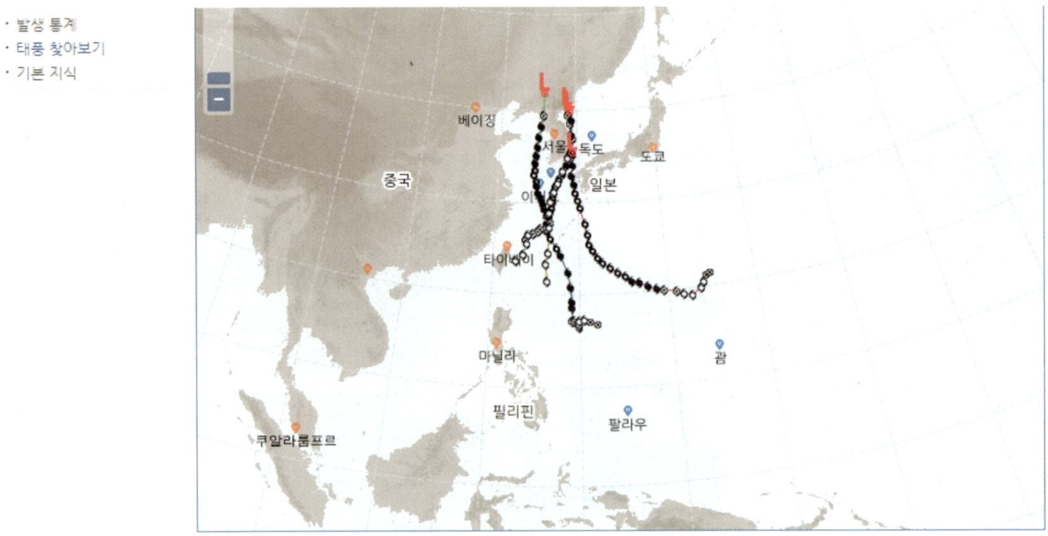

※ 태풍 찾아보기는 1977년부터 검색이 가능하며, 영향 · 상륙태풍은 2001년 이후부터 검색이 가능합니다.
※ 강도 '약'은 '-'로 표기하고(2019.3.29. 이후), 강도 '초강력' 을 신설하여(2020.5.15. 이후) 제공합니다.
※ 크기 분류 대신 강풍·폭풍반경 값을 제공합니다(2020.5.15. 이후).

검색구분
세부검색
경로검색
기간별
2020 년 7 월 ~ 2020 년 11 월
계절별검색
태풍명
한글
영문
영향여부
발생태풍
영향태풍
상륙태풍
초기화
검색
태풍번호
태풍명
발생 ~ 소멸(KST)
202010
하이선(HAISHEN)
2020/09/01 21:00 ~ 2020/09/07 21:00
202009
마이삭(MAYSAK)
2020/08/28 15:00 ~ 2020/09/03 12:00
202008
바비(BAVI)
2020/08/22 09:00 ~ 2020/08/27 15:00
202005
장미(JANGMI)
2020/08/09 03:00 ~ 2020/08/10 17:00

Lecture 08

GEBCO 수심자료 그리기

▶ 전구 해양 수심자료(GEBCO)는 아래에서 다운로드 가능하다.

https://www.gebco.net/data_and_products/gridded_bathymetry_data/

01 전구 수심자료는 용량이 크므로 필요한 영역을 설정하여 다운로드하면 용량을 줄일 수 있다.

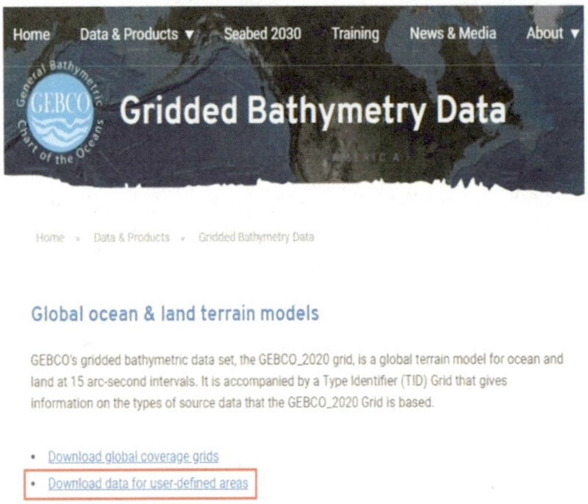

02 필요한 지도영역(125 – 135°E/34 – 41°N)을 아래와 같이 선택 및 형식을 netCDF로 선택한다.

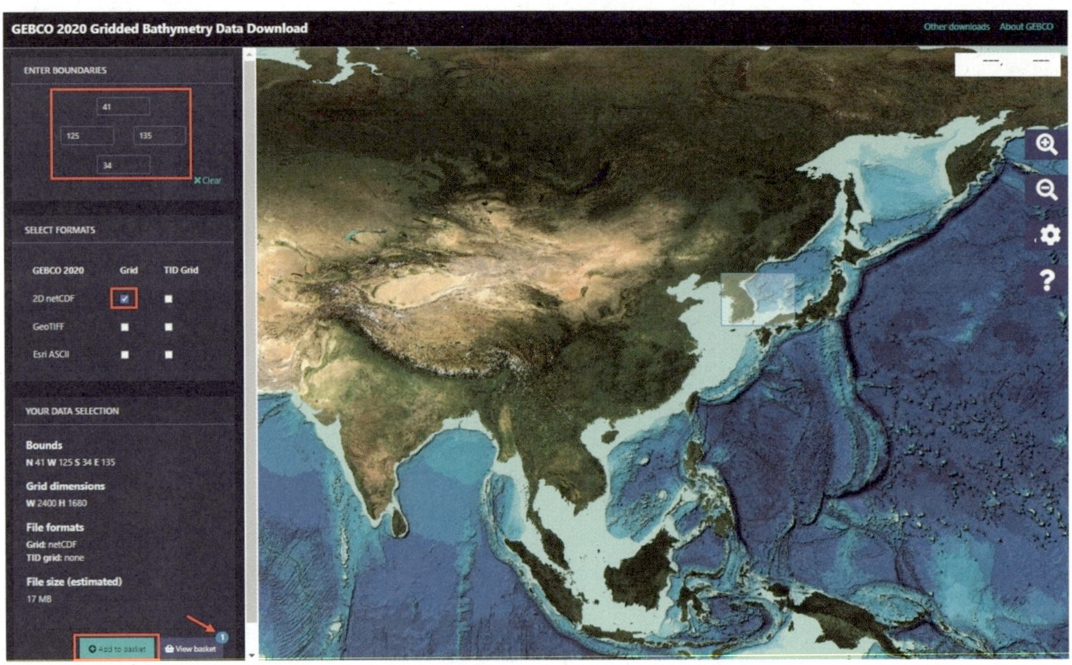

03 Add to basket을 누르면 위 그림의 화살표 아래쪽과 같이 View basket에 숫자 1이 표시된 것을 확인할 수 있다. 즉, 다운로드 파일 1개가 존재한다는 의미이다.

04 View basket을 누르면 아래와 같은 화면이 나오는데, 다운로드를 진행하면 된다(선택된 영역의 수심은 약 8MB가 zip 압축 형태로 다운로드되며 압축을 해제하여 *.nc 파일을 필요한 이름으로 변경하면 된다).

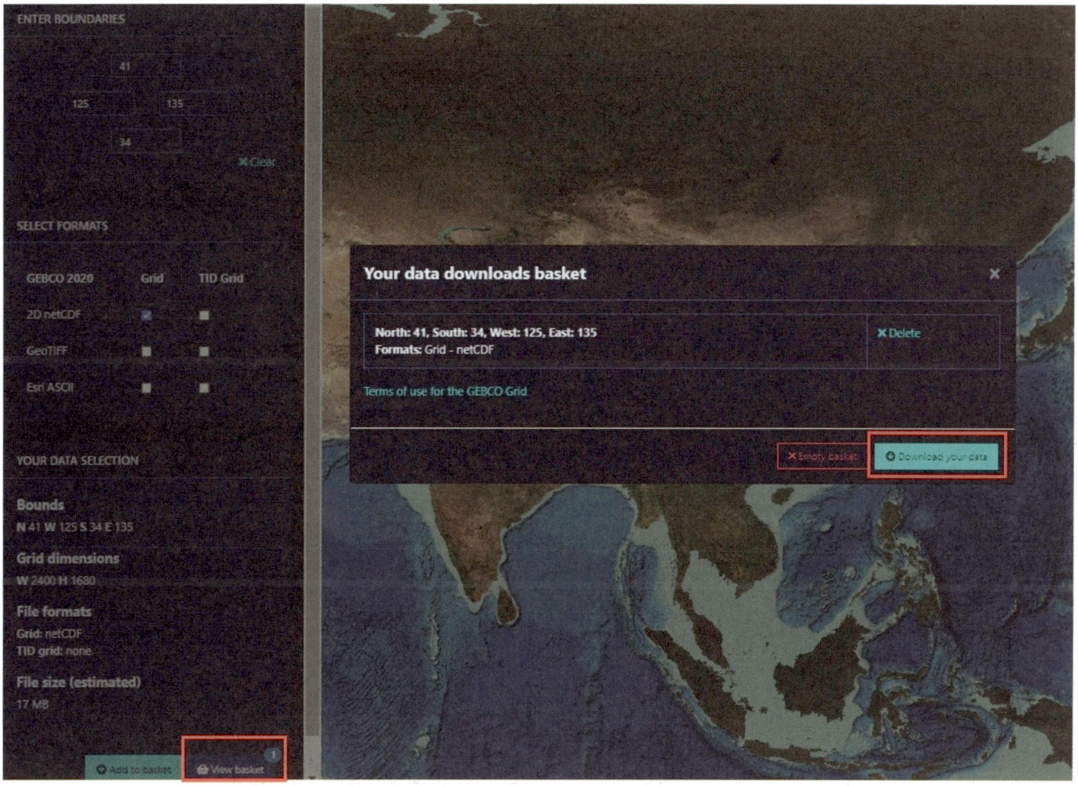

05 위에서 수심자료 다운로드 시 영역이 넓을수록 파일 용량이 커지게 되는데, 용량이 클수록 처리 속도가 느려지므로 최초 수심영역 설정 시 고려가 필요하다. 이제 다운로드된 파일을 이용하여 수심자료를 가시화해보도록 하겠다.

▶ GEBCO 자료를 이용한 동해 수심도 그리기

```
rm(list = ls())

library(RNetCDF)
library(maps)
library(mapdata)
library(marmap)

# You have to upload gebco nc file
bfname <- "D:/RScript/data/gebco_2020_ES.nc"

dep <- readGEBCO.bathy(bfname, resolution=1, sid=FALSE)

blues <- colorRampPalette(c("lightblue","cadetblue1","white"))
plot(dep, n=1, image=TRUE, bpal=blues(100))
```

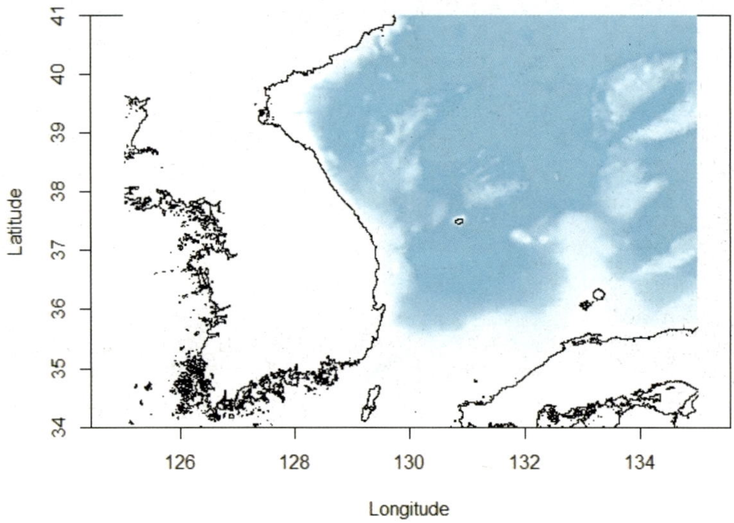

```
# 외곽 테두리를 뚜렷하게 그리기(plot 다음 라인에 추가)
box("plot", col="black", lty=1)
```

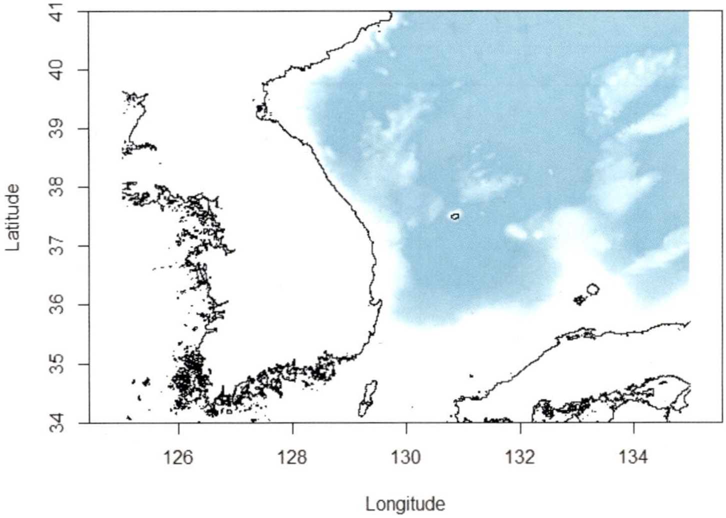


```
# --- contour lines
plot(dep, deep=-4000, shallow=0, step=500, lwd=0.5, col="blue")
```

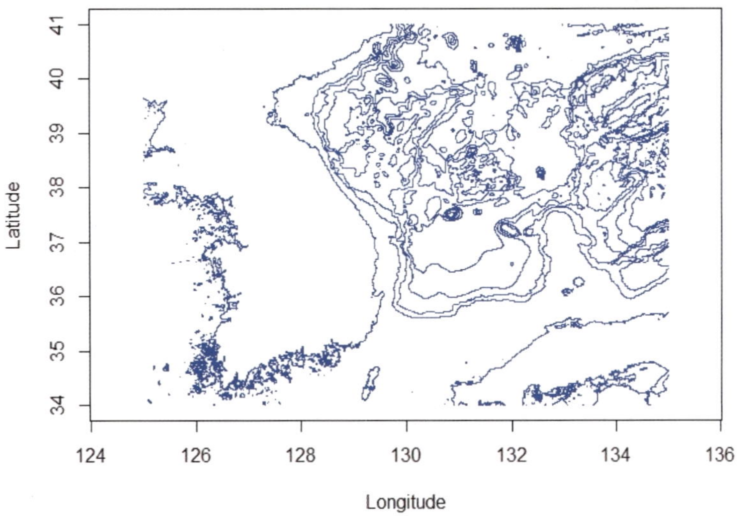

```
# n = 5 : contour lines 5개
plot(dep, n=5, image = TRUE, bpal=blues(100))
box("plot", col="black", lty=1)
```

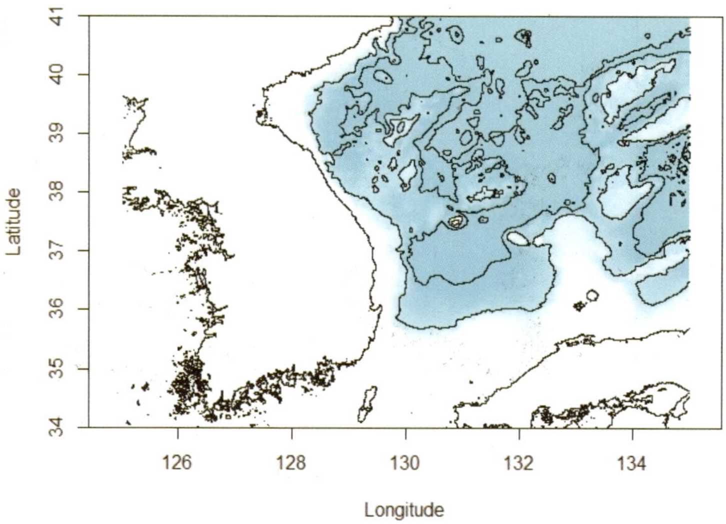


```
# 수심별 색깔을 다르게 표현
plot(dep, n=1, image=TRUE, bpal = blues(100),
     deep = c(-5000, -1000, 0),          # -5000 ~ -1000m : light grey
     shallow = c(-1000, 0, 0),           # -1000 ~ 0m : dark grey & others (0m): black
     step = c(1000, 1000, 0),
     lwd = c(0.8, 0.8, 1), lty = c(1, 1, 1),
     col = c("lightgrey", "darkgrey", "black"),
     drawlabel = c(FALSE, FALSE, FALSE))

     box("plot", col="black", lty=1)     # 외곽 테두리 뚜렷하게
```

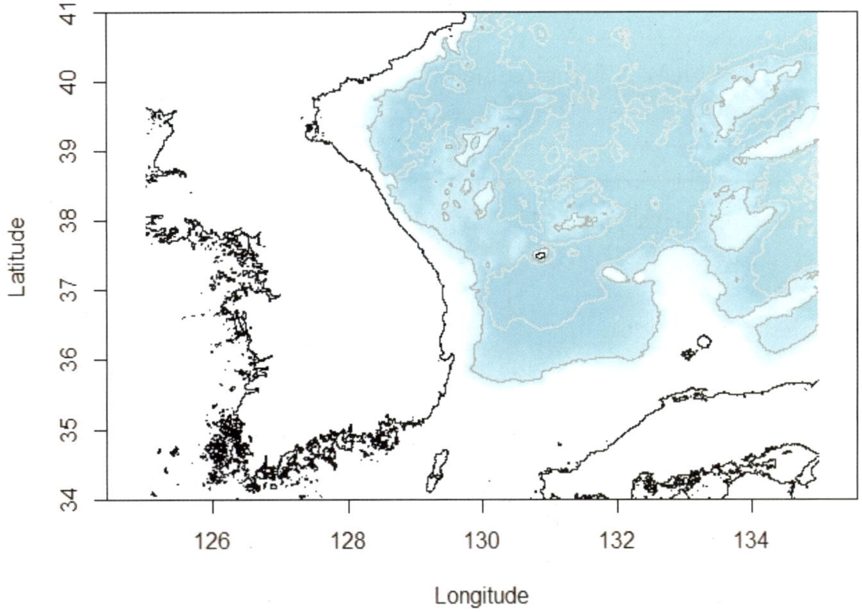


```
# 지정된 영역 내 그리기 (xlim, ylim 설정)
plot(dep, n=1, image=TRUE, bpal=blues(100), xlim=c(127, 132), ylim = c(35, 40))
box("plot", col="black", lty=1)
```

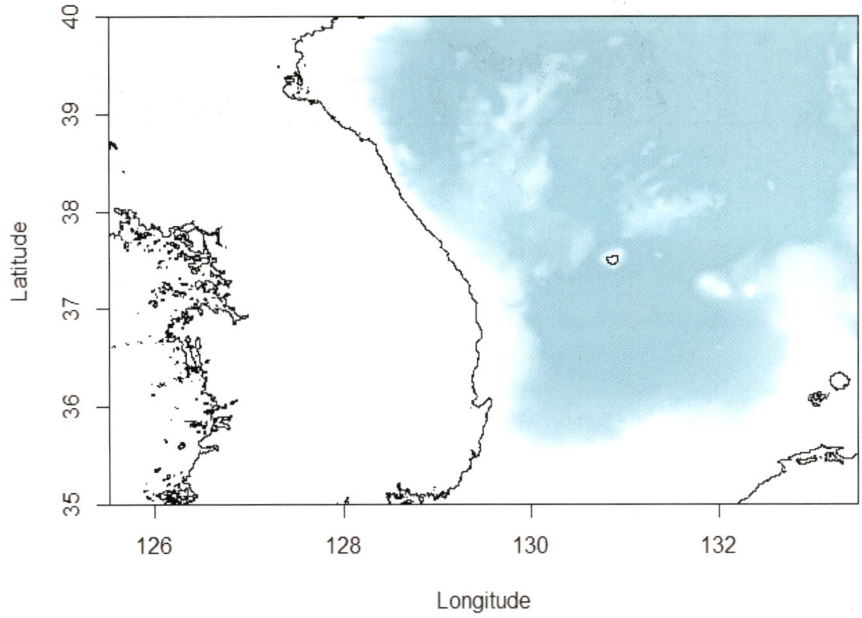

```
# 육지와 바다의 색깔을 다르게 표현 & Coastline을 굵게 표시
# Creating a custom palettte of blues
blues <- c("lightsteelblue4", "lightsteelblue3", "lightsteelblue2", "lightsteelblue1")

# Plotting with different colors for Land and Sea
plot(dep, n=1, image=TRUE, land=TRUE, lwd=0.1,
     bpal = list(c(0, max(dep), "grey"), c(min(dep), 0.5, blues)) )     # Land(0~Land) : grey
     box("plot", col="black", lty=1)

# making the coastline more visible
plot(dep, deep = 0, shallow = 0, step=0,  lwd=2, add=TRUE)
```

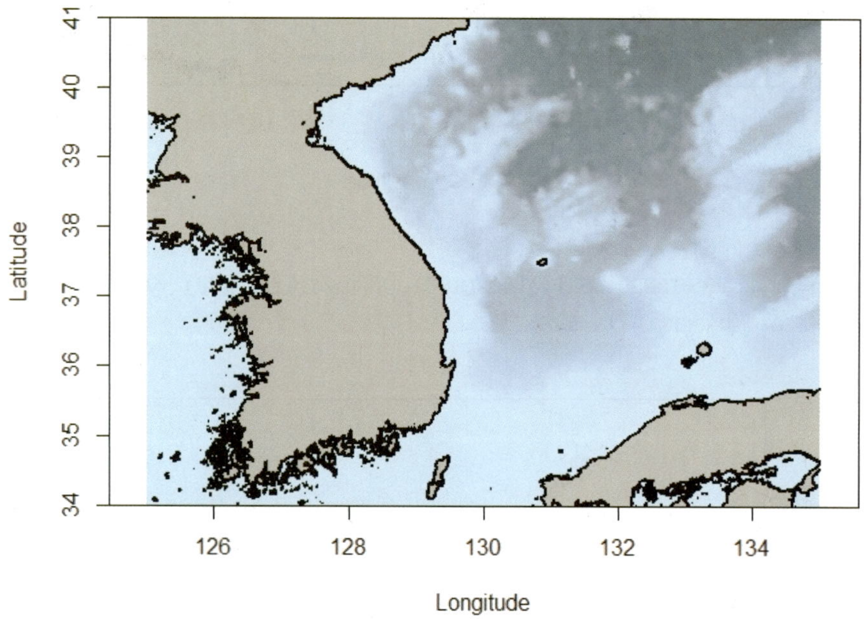


```
# 지도 위에 위치 표시
# --- Point
lon1 <- c(130)
lat1 <- c(38)
plot(dep, n=1, image=TRUE, land=TRUE, lwd=0.1,
    bpal = list(c(0, max(dep), "grey"),                          # Land(0 ~ Land) : grey
                c(min(dep), 0.5, blues)), xlim = c(127, 134.5))
points(lon1, lat1, pch=19, cex=2, col=c("red"))                  # pch symbol (19 : circle)
text(lon1, lat1 + 0.3, "Buoy", col="blue", font = 3)
```

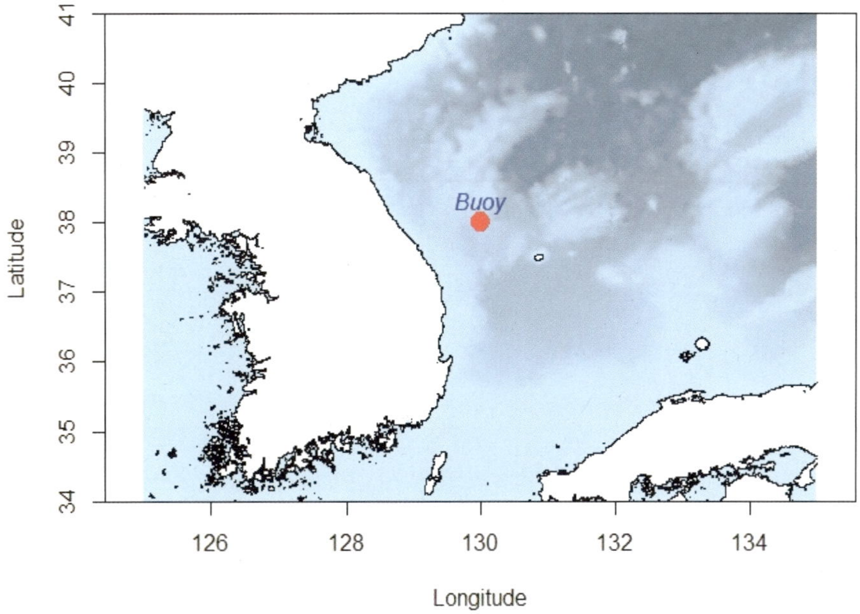

만약, 바다 배경 없이 Coastline만 그리고 싶다면 `plot` 함수 명령 내에 image = False를 추가하면 된다.

Lecture 09

해양부이로 관측된 수온 시계열 자료 그리기

▶ 동해 연안으로부터 동방 약 9km에 계류된 해양관측부이 자료는 아래 사이트에서 다운로드 가능하다.

- SEANOE(Sea scientific open data publication) : https://www.seanoe.org/
- 해당 자료는 서울대학교 지구환경과학부 해양관측연구실에서 운용 중인 관측 자료이다.
- 해당 사이트에서 관측부이 이름(ESROB)을 검색하면 자료를 확인할 수 있는데, 검색으로 찾아낸 자료를 선택하면 된다.

- 검색된 자료를 선택하면 화면의 하단에 기간별 자료가 있는데, 2012년 자료(60587.nc)를 다운로드해보기로 한다.

ESROB deployment 16 data (2011-Oct-19 to 2012-Jul-04)	92 MB	NC, NetCDF	Quality controlled data	Open access
ESROB deployment 17 data (2012-Jul-08 to 2013-Jun-10)	123 MB	NC, NetCDF	Quality controlled data	Open access
ESROB deployment 18 data (2013-Jun-13 to 2014-Sep-17)	169 MB	NC, NetCDF	Quality controlled data	Open access

▶ 동해연안 해양관측부이 time series 자료 그리기

```
library(plotly)
library(ggplot2)
library(ncdf4)

data <- nc_open("D:/RScript/data/60587.nc")

# get variables using ncdf4
time <- ncvar_get(data,"Time")
temp <- ncvar_get(data,"temp")
depth <- ncvar_get(data,"dep")

# --- Time
ncatt_get(data,'Time')   # 시간확인
```

해당 자료에서 시간을 확인해보면 아래와 같이 1950년 1월 1일을 기준으로 숫자로 되어 있음을 알 수 있다.

```
> ncatt_get(data,'Time')   # 시간확인
$standard_name
[1] "time"

$long_name
[1] "time of measurement"

$units
[1] "days (UTC) since 1950-01-01T00:00:00Z, Ex) Time=1 means 1950-01-02T00:00:00Z"

$uncertainty
[1] "none"
```

```
# convert the julian day to gregorian calender

library(lubridate)

Ttime <- as_datetime(c(time)*60*60*24, origin="1950-01-01") # day from 1950
```

해당 자료의 시간을 변경하면 아래와 같이 실제 관측 자료의 시작 시간인 2012년 7월 8일로 변경되었음을 확인할 수 있다.

```
> Ttime
  [1] "2012-07-08 02:40:00 UTC" "2012-07-08 02:49:59 UTC"
  [3] "2012-07-08 03:00:00 UTC" "2012-07-08 03:10:00 UTC"
  [5] "2012-07-08 03:19:59 UTC" "2012-07-08 03:30:00 UTC"
  [7] "2012-07-08 03:39:59 UTC" "2012-07-08 03:50:00 UTC"
  [9] "2012-07-08 03:59:59 UTC" "2012-07-08 04:10:00 UTC"
 [11] "2012-07-08 04:19:59 UTC" "2012-07-08 04:30:00 UTC"
 [13] "2012-07-08 04:40:00 UTC" "2012-07-08 04:49:59 UTC"
 [15] "2012-07-08 05:00:00 UTC" "2012-07-08 05:09:59 UTC"
 [17] "2012-07-08 05:20:00 UTC" "2012-07-08 05:29:59 UTC"
 [19] "2012-07-08 05:40:00 UTC" "2012-07-08 05:49:59 UTC"
 [21] "2012-07-08 06:00:00 UTC" "2012-07-08 06:10:00 UTC"
```

```
# Temperature timeseries plot
plot_ly(opacity=1) %>%              # opacity : 투명도
  add_lines(x= ~time, y= ~temp[,1], name="5m") %>%
  add_lines(x= ~time, y= ~temp[,2], name="20m") %>%
  add_lines(x= ~time, y= ~temp[,3], name="40m") %>%
  add_lines(x= ~time, y= ~temp[,4], name="60m") %>%
  add_lines(x= ~time, y= ~temp[,5], name="110m") %>%
  layout(xaxis = list(title = 'Time'),
         yaxis=list(title = 'Temperature (°C)'))
```

관측 자료의 수심은 5, 20, 40, 60, 110m 간격이므로 수심별 time series를 그려보면 아래와 같다.

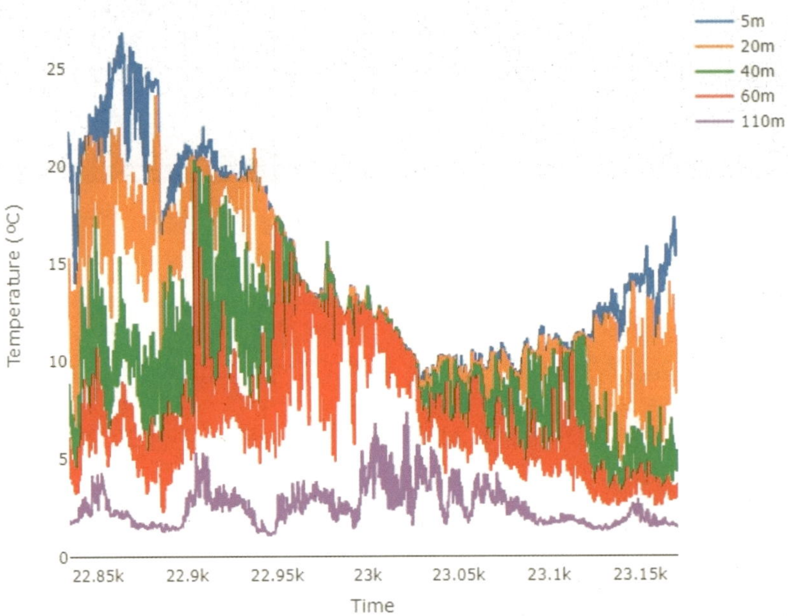

```
# Temperature timeseries plot #2
plot_ly(opacity=1) %>%
  add_lines(x= ~time, y= ~temp[,1], name="5m", color=I("red"))  %>%
  add_lines(x= ~time, y= ~temp[,2], name="20m", color=I("magenta")) %>%
  add_lines(x= ~time, y= ~temp[,3], name="40m", color=I("purple")) %>%
  add_lines(x= ~time, y= ~temp[,4], name="60m", color=I("green")) %>%
  add_lines(x= ~time, y= ~temp[,5], name="110m", color=I("blue")) %>%
  layout(xaxis = list(title = 'Time'),
         yaxis=list(title = 'Temperature (ºC)'))
```

수심별 색을 지정하여 그리기

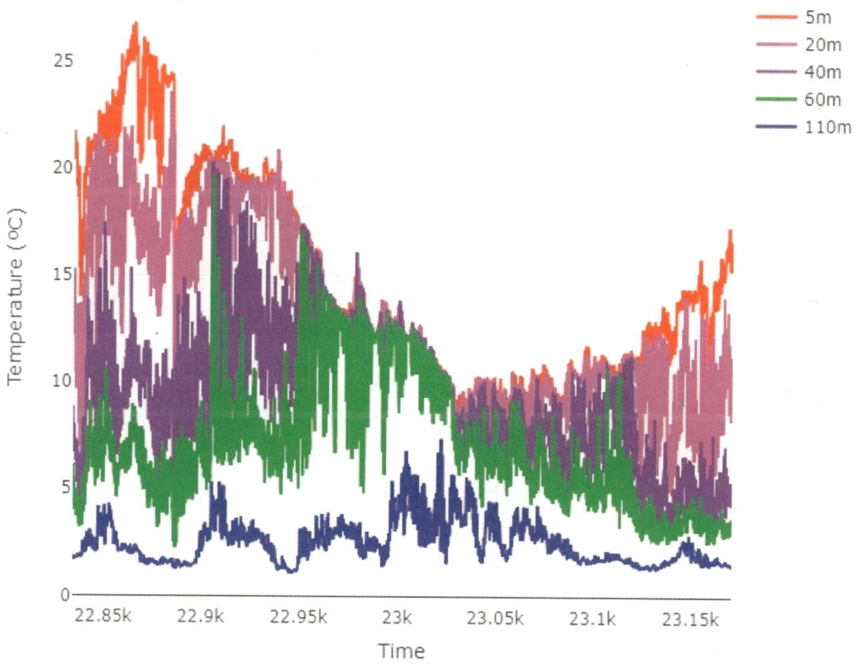

```
# Color filled contour
dep <- c(5, 20, 40, 60, 110)

filled.contour(x=1:nrow(temp), y=dep, z=temp,     # contour를 그리기 위해서는 x, y, z data 가 있어야 함
               color.palette = terrain.colors)    # Color option : rainbow, heat.colors, topo.colors,
                                                    cm.colors
```

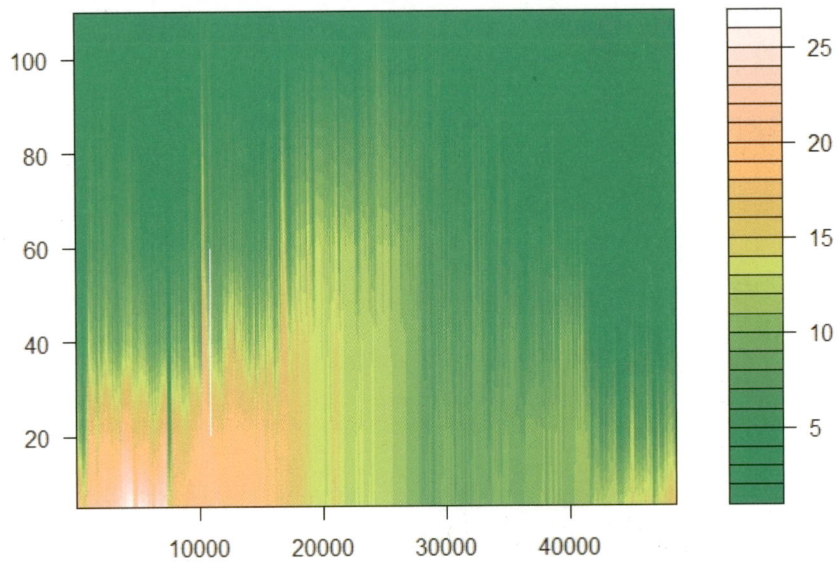

```
filled.contour(x=time, y=dep, z=temp,          # rainbow, heat.colors, topo.colors, cm.colors
           color.palette = topo.colors,
           ylim = rev(range(dep)),             # Y-axis Reverse (ylim =rev(...))
           plot.title = title(main = "Subsurface Temperature @ ESROB",
                        xlab = "Time", ylab = "Depth (m)", cex.lab=1.5 ) )
```

수심을 표층부터 깊은 수심까지 정상적으로 표시(Y-axis reverse)하고 색깔 변경, 제목과 축 이름 표시

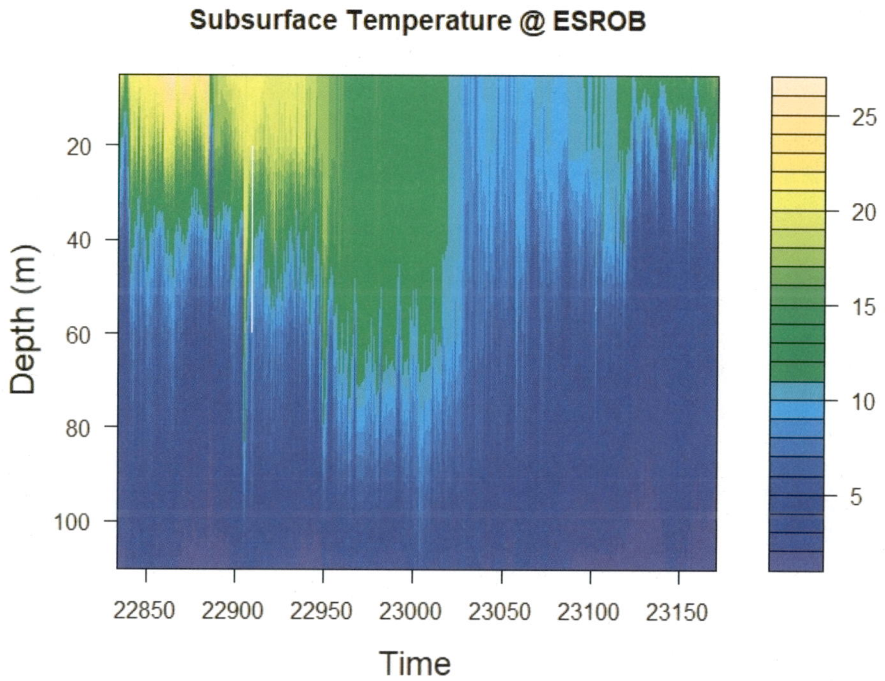

```
filled.contour(x=Ttime, y=dep, z=temp,   # x 축을 연-월-일-시간으로 변환한 Ttime 활용
               color.palette = topo.colors,
               ylim = rev(range(dep)),
               plot.title = title(main = "Subsurface Temperature @ ESROB",
                                  xlab = "Time", ylab = "Depth (m)", cex.lab=1.5 ) )
```

X-축 시간을 실제 시간(Month)으로 표시

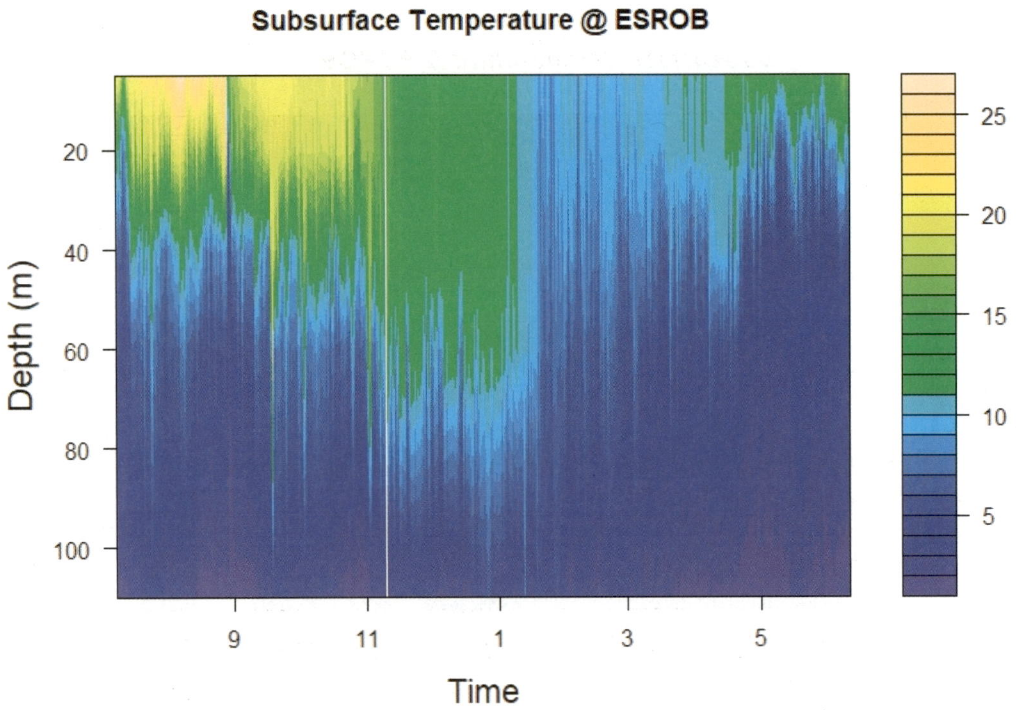

```
plot_ly(opacity=1) %>%
  add_lines(x= ~Ttime$date, y= ~temp[,1], name="5m", color=I("red")) %>%
  add_lines(x= ~Ttime$date, y= ~temp[,2], name="20m", color=I("magenta")) %>%
  add_lines(x= ~Ttime$date, y= ~temp[,3], name="40m", color=I("purple")) %>%
  add_lines(x= ~Ttime$date, y= ~temp[,4], name="60m", color=I("green")) %>%
  add_lines(x= ~Ttime$date, y= ~temp[,5], name="110m", color=I("blue")) %>%
  layout(xaxis = list(title = 'Time', tickformat = '%Y.%m'),      # '%Y.%m' : yyyymm / %m.%d
         yaxis=list(title = 'Temperature (°C)'))
```

X-축 시간을 실제 시간(Year.month)으로 표시

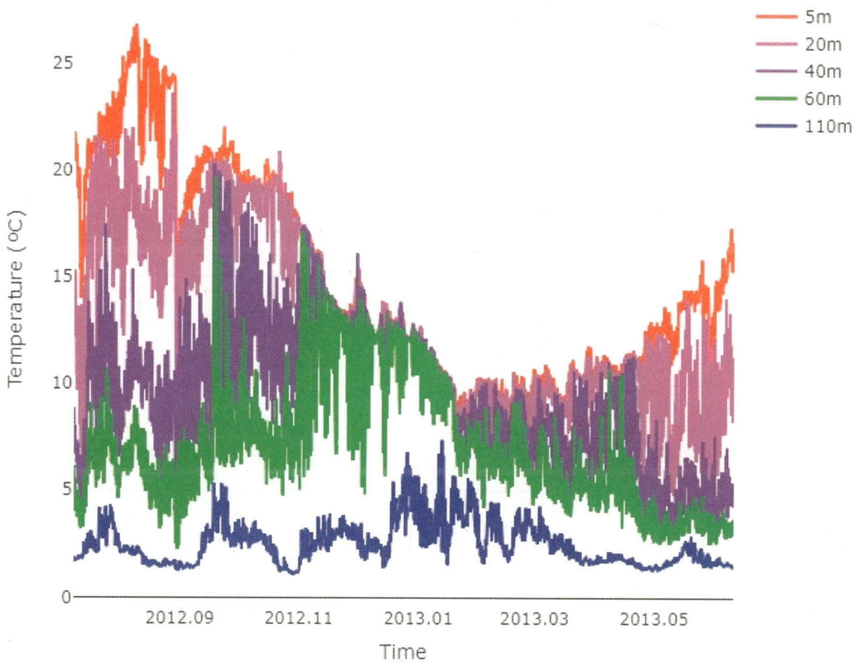

Lecture **10**

해류도 그리기

- 위성으로 관측된 Geoid 상부의 해표면 높이 자료를 이용하여 지형류를 산출할 수 있다. 즉, 이 지형류가 우리가 알고자 하는 평균적인 해류의 흐름이라 생각할 수 있다.
- Aviso(Archiving, Validation and Interpretation of Satellite Oceanographic data)의 홈페이지 (https://www.aviso.altimetry.fr/en/home.html)에서 ADT(Absolute Dynamic Topography)를 기반으로 한 Absolute Geostrophic Velocities(MADT-UV) 자료를 다운로드할 수 있으며, 1993년부터 일 단위(일일 평균 자료)의 자료가 제공된다.

  전구 격자형 자료가 제공되므로 한반도 주변해역 등 필요한 영역으로 설정하여 다운로드 시 자료 용량을 최소화할 수 있다. 2015년 1월 1일부터 12월 31일까지 다운로드된 자료는 "github.com/ssbyun/data/Aviso_2015.nc"에 업로드되어 있다.
- 이렇게 다운로드한 자료를 이용한 해류도는 다음과 같이 그려볼 수 있다.

```
rm(list=ls())

install.packages(c("ggOceanMapsData", "ggOceanMaps"),
                 repos = c("https://cloud.r-project.org",
                           "https://mikkovihtakari.github.io/drat"
                 ) )

library(ggplot2)
library(ggOceanMapsData)
library(ggOceanMaps)
library(data.table)
library(dplyr)
library(ncdf4)

fname <- "fname <- "D:/RScript/data/AVISO_2015.nc""
data1 <- nc_open(fname)

# get variables using ncdf4
time <- ncvar_get(data1,"time1")
u <- ncvar_get(data1,"ugs1")
v <- ncvar_get(data1,"vgs1")
lon <- ncvar_get(data1,"lon1")
lat <- ncvar_get(data1,"lat1")

Year <- 2015  # toString(Year)
Month <- 12   # month.abb[Month], month.name[Month]
```

```
Day <- 5

ind <- which(time[,1]==Year & time[,2]==12 & time[,3]==Day)            # find index

# 필요한 기간의 u, v 자료 추출

u1 <- u[ , , ind];  v1 <- v[ , , ind]
u2 <- matrix(u1,nrow=length(lon)*length(lat), ncol=1)   # 1열로 생성
v2 <- matrix(v1,nrow=length(lon)*length(lat), ncol=1)

# data frame 만들기
lon1 <- rep(lon, length(lat)); lat1 <- rep(lat, each = length(lon))   # 경도변화, 같은위도 반복
data1 <- cbind(lon1, lat1, u2, v2) %>% as.data.frame
colnames(data1) <- c("lon","lat","u","v")

# Velocity Color
data1$vel <- sqrt( (data1$u)^2 +(data1$v)^2 )   # data1 에 vel 추가
data1  <- within(data1 , Velocity <- as.integer(cut(vel, quantile(vel, probs=0:4/4, na.rm=TRUE), include.lowest=TRUE)))

# Figure

map1 <- basemap("EastSea", limits=c(lon[1],lon[length(lon)],lat[1],lat[length(lat)]),
bathymetry=TRUE) +
  geom_segment(data = data1, aes(x = lon1, y = lat1, xend = lon1 + u2, yend = lat1 + v2, group = Velocity, color = Velocity),
               arrow = arrow(length = unit(0.1,"cm"))) +

  ggtitle(paste("Ocean Currents in the East sea, ", toString(Day),"/",month.abb[Month],"/", toString(Year) )) +

  theme(plot.title = element_text(family = "serif", face = "bold", hjust = 0.5, size = 15, color = "black")) +
  scale_colour_gradientn(colours = c("white", "yellow", "orange", "red"))

map1   # plot figure

# Save Figure

ggsave("D:/RScript/Figure/Current.png", device="png")
```

2015년 12월 5일의 Current vector

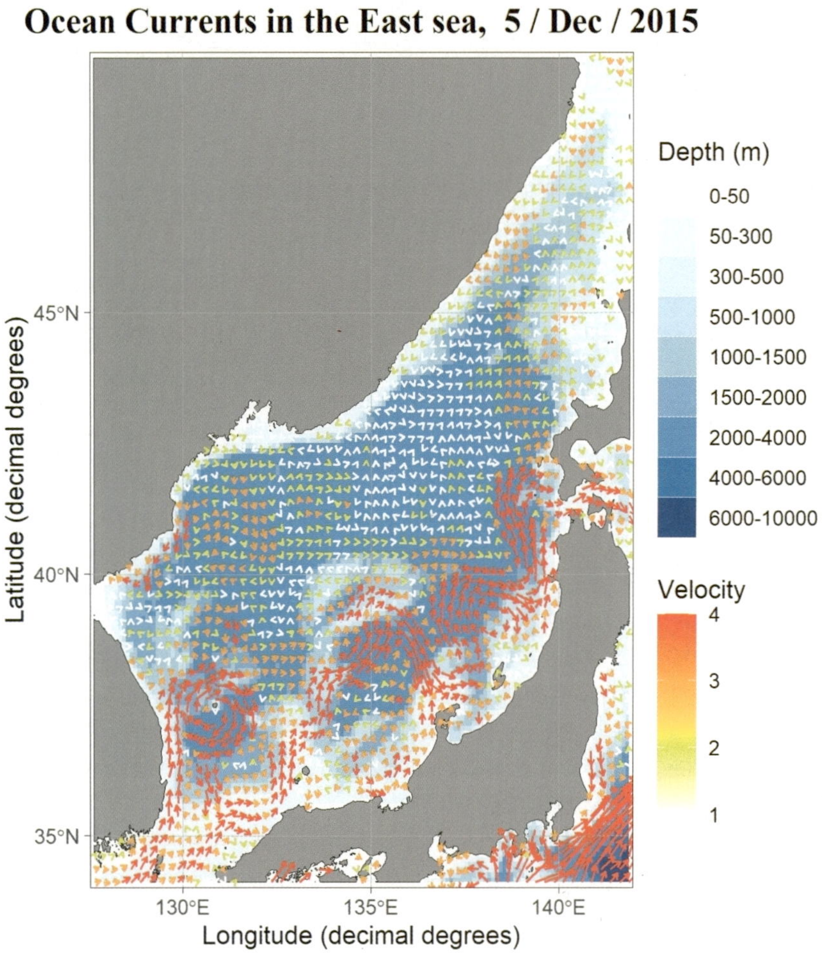

- 위 그림은 R에서 제공하는 기본적인 그래픽에 비해 보다 세련된 형태의 그래픽을 표현하고 있음을 알 수 있다. 여기에 사용된 패키지는 ggplot2인데, 보다 자세한 사용 방법은 "Lecture 17"을 참고하기 바란다.
- 월평균 해류도를 그리기 위해서는 해당 월의 u, v 자료를 추출하여 평균하면 되는데, 이러한 계산을 위해 "apply 함수"를 이용하면 된다.

```
# 2015년 12월 데이터 추출
Year <- 2015
Month <- 12

ind <- which(time[,1]==Year & time[,2]==Month)

uu1 <- u[,,ind];  vv1 <- v[,,ind]

# apply 함수를 이용한 평균
u1 <- apply(uu1, c(1,2), mean, na.rm=T) # 1 : rows, 2 : columns
v1 <- apply(vv1, c(1,2), mean, na.rm=T) # 1 : rows, 2 : columns
```

2015년 12월 평균 Current vector

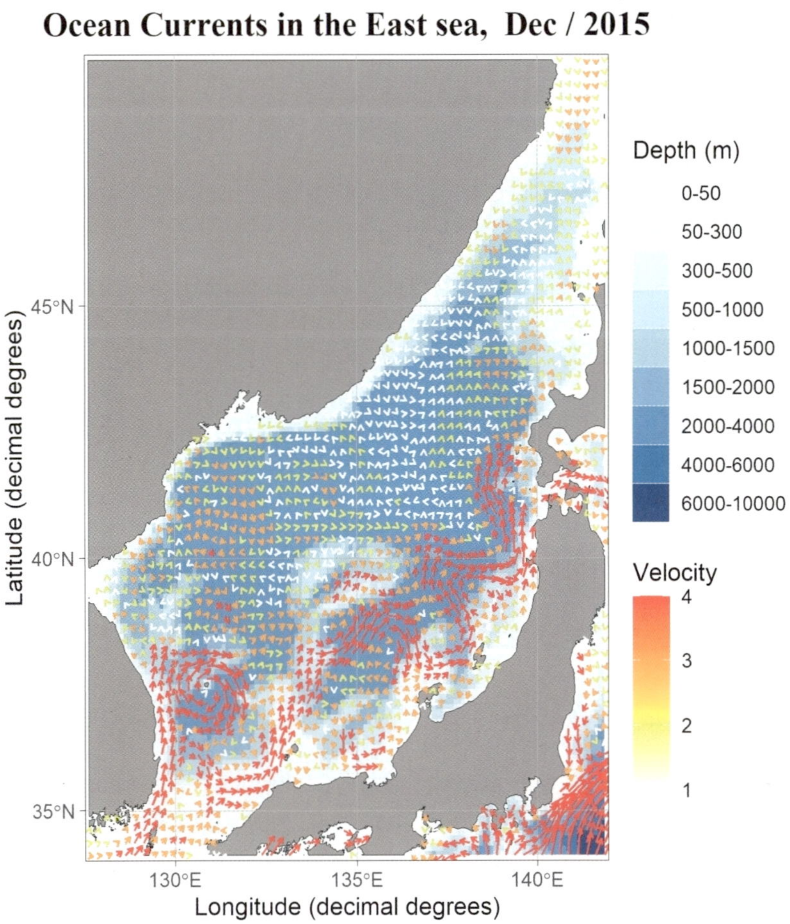

▶ 위에서 사용된 apply 함수 이해하기

```
data <- array(1:12, dim = c(2, 3, 2)) # make array data

m1 <- apply(data, c(1,2), mean)        # mean each data

ml <- apply(data, 1, mean)             # row mean
mc <- apply(data, 2, mean)             # column mean
```

• 위의 코드로 만든 data 값은 아래와 같다.

```
> data
, , 1

     [,1] [,2] [,3]
[1,]    1    3    5
[2,]    2    4    6

, , 2

     [,1] [,2] [,3]
[1,]    7    9   11
[2,]    8   10   12
```

• 각 격자별 값들을 각각 평균한 것은 아래와 같다.

```
> m1
     [,1] [,2] [,3]
[1,]    4    6    8
[2,]    5    7    9
```

• 각 행별 값을 모두 평균한 것은 아래와 같다.

```
> ml
[1] 6 7          ==>   (1+3+5+7+9+11)/6    (2+4+6+8+10+12)/6
```

• 각 열별 값을 모두 평균한 것은 아래와 같다.

```
> mc
[1] 4.5 6.5 8.5     ==>   (1+2+7+8)/4   (3+4+9+10)/4    (5+6+11+12)/4
```

따라서 각 격자별 값을 각각 평균하기 위해서는 apply(data, c(1,2), mean)와 같이 사용하면 되고, 위의 해류 평균시 apply 함수 내 적용된 "na.rm=T"는 NA 값(결측치)은 계산에서 제외하라는 의미이다.

Lecture 11

Wind vector 그리기

▶ ECMWF(European Centre for Medium-Range Weather Forecasts) ERA5 wind data는 아래 인터넷 사이트(Copernicus)에서 다운로드할 수 있다.

(https://cds.climate.copernicus.eu/cdsapp#!/dataset/reanalysis-era5-single-levels?tab=form)

▶ 앞서 해류도를 그렸던 코드를 이용하여 Wind vector를 그려볼 수 있다.

▶ 다운로드한 ECMWF wind 자료를 이용하여 그림을 그리는 방법은 다음과 같다.

```
rm(list=ls())

install.packages(c("ggOceanMapsData", "ggOceanMaps"), repos = c("https://cloud.r-project.org",
                  "https://mikkovihtakari.github.io/drat" ) )

library(ggplot2); library(ggOceanMapsData); library(ggOceanMaps)
library(data.table); library(dplyr); library(ncdf4)
library(lubridate) # date and time manipulation ~ as_datetime

fname <- "D:/RScript/data/ECMWF_wind.nc"
data1 <- nc_open(fname)

# get variables using ncdf4
time <- ncvar_get(data1,"time")
u <- ncvar_get(data1,"u10");   v <- ncvar_get(data1,"v10")
lon <- ncvar_get(data1,"longitude");   lat <- ncvar_get(data1,"latitude")

ncatt_get(data1,'time')   # 시간확인

Time <- as_datetime(c(time*3600), origin="1900-01-01")  # day --> sec. (t*3600*24)/days since 1900-01-01 00:00:00
head(Time)
```

▶ 시간(Time)의 형식은 아래와 같이(POSIXct 형) 매일 11:00의 snap shot 자료로 되어 있음을 알 수 있다.

```
> head(Time)
[1] "2015-01-01 11:00:00 UTC" "2015-01-02 11:00:00 UTC" "2015-01-03 11:00:00 UTC"
    "2015-01-04 11:00:00 UTC" "2015-01-05 11:00:00 UTC"
[6] "2015-01-06 11:00:00 UTC
```

▶ POSIXct 형식의 시간에서 원하는 날짜, 월, 일을 추출하기 위해 year(Time), month(Time), day(Time)으로 변환 가능하다.

▶ 이제 2015년 1월 5일의 날짜에 해당하는 index를 아래와 같이 추출해보자. 이렇게 추출된 자료가 이상이 없는지 확인하기 위해 "image" 함수로 u data만 빠르게 그려볼 수 있다.

```
# Method to convert POSIXct --> Year, Month, Day
Year <- year(Time); Month <- month(Time); Day <- day(Time)

# Find index
yy <- 2015; mm <- 01; dd <- 05
ind <- which(year(Time)==yy & month(Time)==mm & day(Time)==dd)

image(u[,,ind])  # quick view
```

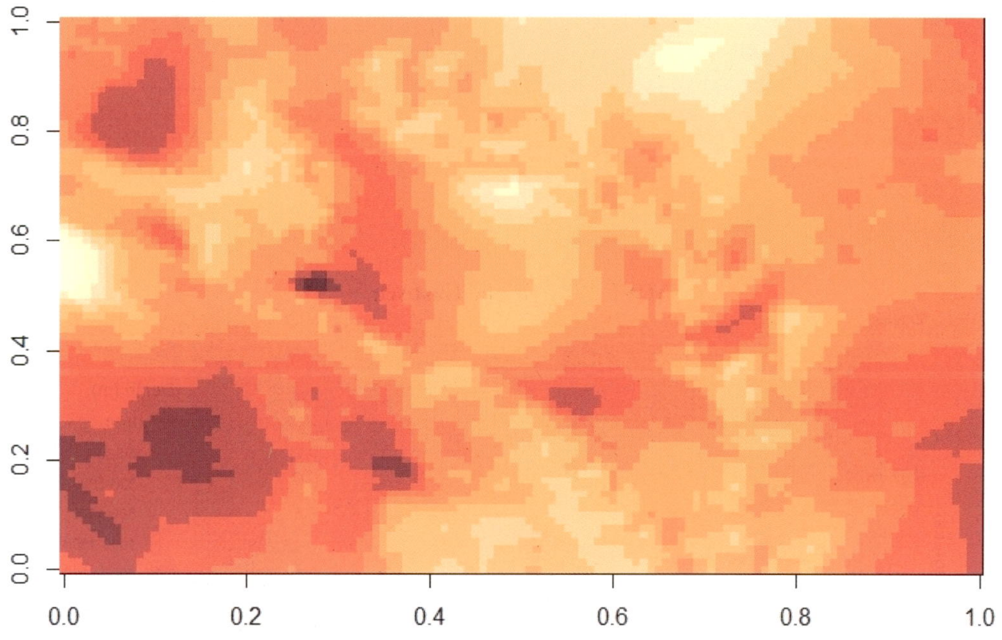

▶ 이어서 2015년 1월 5일의 wind 자료를 vector로 그려보는 방법은 위에서 사용한 해류도를 그리는 방법과 동일하다.

```
# extract u, v
u1 <- u[,,ind];  v1 <- v[,,ind]
u11 <- matrix(u1,nrow=length(lon)*length(lat), ncol=1)  # 1열로 생성
v11 <- matrix(v1,nrow=length(lon)*length(lat), ncol=1)
```

```
u2 <- u11*0.07; v2 <- v11*0.07      # scale change

# data frame 만들기
lon1 <- rep(lon, length(lat)); lat1 <- rep(lat, each = length(lon))  # 경도변화, 같은위도 반복
data1 <- cbind(lon1, lat1, u2, v2) %>% as.data.frame
colnames(data1) <- c("lon","lat","u","v")

# Velocity Color
data1$vel <- sqrt( (data1$u)^2 +(data1$v)^2 )  # data1에 vel 추가
data1  <- within(data1 , Velocity <- as.integer(cut(vel, quantile(vel, probs=0:4/4, na.rm=TRUE), include.lowest=TRUE)))

# Figure
map1 <- basemap("EastSea", limits=c(lon[1],lon[length(lon)],lat[1],lat[length(lat)]), bathymetry=TRUE) +
  geom_segment(data = data1, aes(x = lon1, y = lat1, xend = lon1 + u2, yend = lat1 + v2, group = Velocity, color = Velocity),
          arrow = arrow(length = unit(0.1,"cm")))  +  ggtitle("ECMWF Wind in the East sea") +
  theme(plot.title = element_text(family = "serif", face = "bold", hjust = 0.5, size = 15, color = "black")) +
  scale_colour_gradientn(colours = c("white", "yellow", "orange", "red"))

map1   # plot figure
ggsave("D:/RScript/Figure/Wind_vector.png", device="png")
```

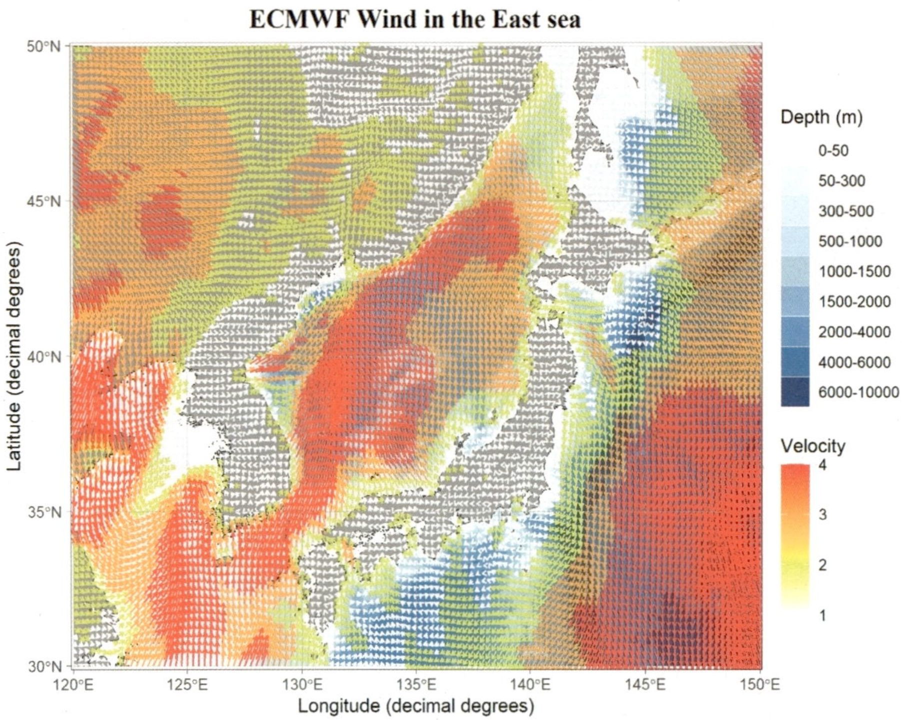

▶ 너무 화려한 컬러 대신 아래와 같이 흑백 화살표로 그려볼 수도 있는데, 관련 부분의 코드만 아래와 같이 변경해주면 된다.

```
# Figure

map1 <- basemap("EastSea", limits=c(lon[1],lon[length(lon)],lat[1],lat[length(lat)]), bathymetry=TRUE) +

  geom_segment(data = data1, aes(x = lon1, y = lat1, xend = lon1 + u2, yend = lat1 + v2, group = Velocity, color = Velocity),
             arrow = arrow(length = unit(0.1,"cm"))) +

  geom_segment(data = data1, aes(x = lon1, y = lat1, xend = lon1 + u2, yend = lat1 + v2))
  + ggtitle("ECMWF Wind in the East sea") +

  theme(plot.title = element_text(family = "serif", face = "bold", hjust = 0.5, size = 15, color = "black")) +
  scale_colour_gradientn(colours = c("white", "yellow", "orange", "red"))

map1   # plot figure

ggsave("D:/RScript/Figure/Wind_vector_black.png", device="png")
```

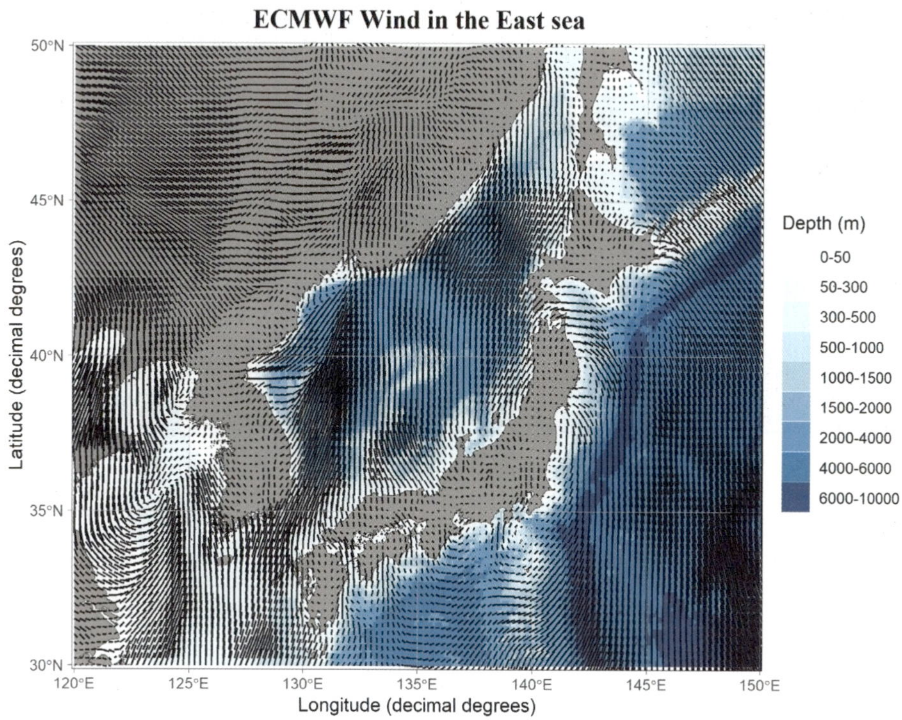

▶ 그림 영역을 변경하고 싶다면 map을 그리는 "basemap" 함수에서 아래와 같이 "limits" 범위를 설정해주면 된다.

▶ 이때 필요한 영역은 "which" 함수를 이용하면 쉽게 찾을 수 있다. 예를 들어 경도의 좌측 130도, 위도 위쪽은 42도에 해당하는 값을 찾아 아래와 같이 설정하면 주어진 범위에 맞게 그림이 그려지는 것을 확인할 수 있다.

```
# Figure

x_left <- which (lon >= 130 & lon <= 130.1);  y_top <- which (lat >= 42 & lat <= 42.1)
map1 <- basemap("EastSea", limits=c(lon [x_left], lon [length(lon)], lat [y_top], lat [length(lat)]), bathymetry=TRUE) +

(이하 동일)
```

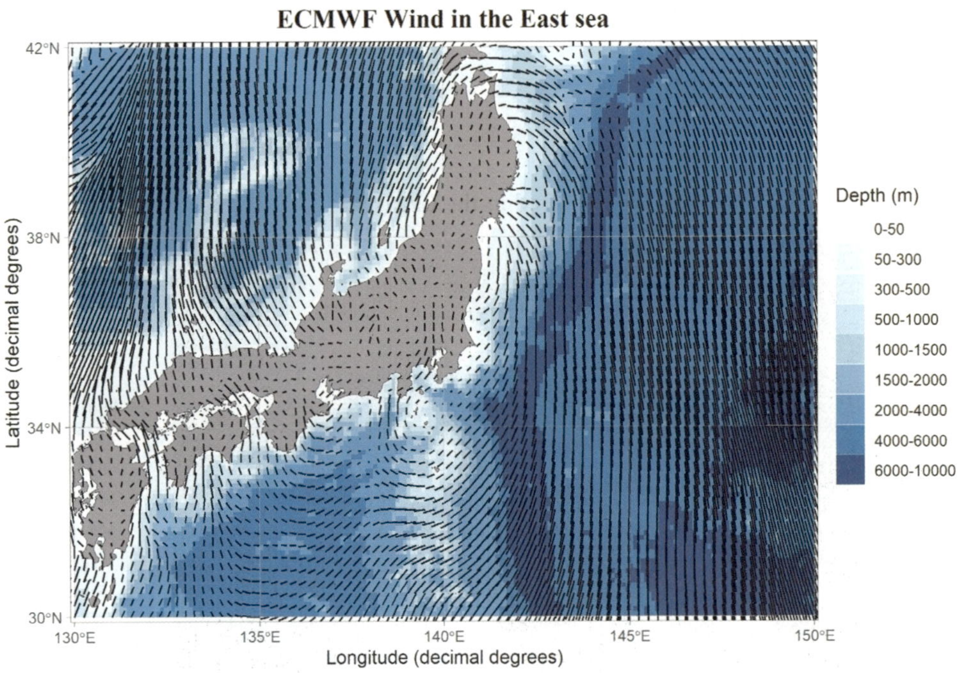

Lecture 12

Sea Surface Temperature (SST) 그리기

▶ 전지구 해양의 SST(Sea Surface Temperature) 자료는 NOAA에서 다운 받을 수 있는데 해당 사이트는 아래와 같다.

▶ NOAA High-resolution Blended SST : https://psl.noaa.gov/data/

▶ 다운로드 방법은 다음과 같은 순서로 진행하자.

01 홈페이지에 접속하여 Data/Gridded Climate 자료를 선택한다.

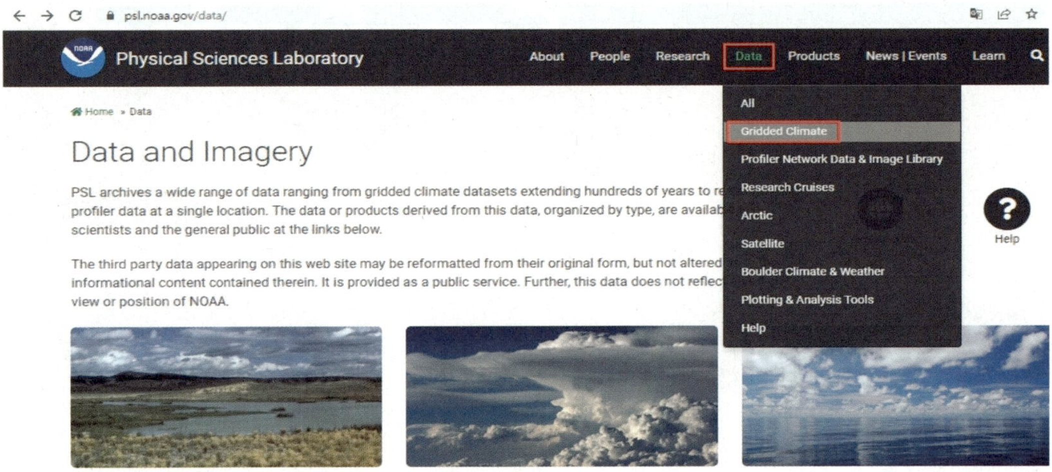

02 이후 전시되는 Dataset 항목에서 NOAA OI SST V2 High Resolution Dataset을 선택한다.

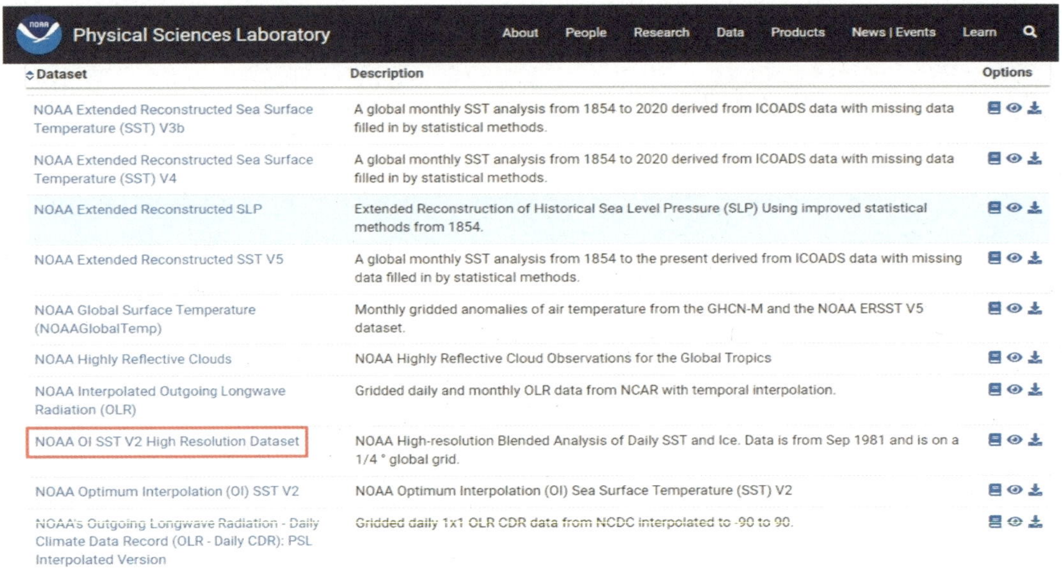

03 홈페이지상에서 바로 그림을 그리고 데이터를 다운로드할 수 있는 Plot/Subset 아이콘을 선택한다.

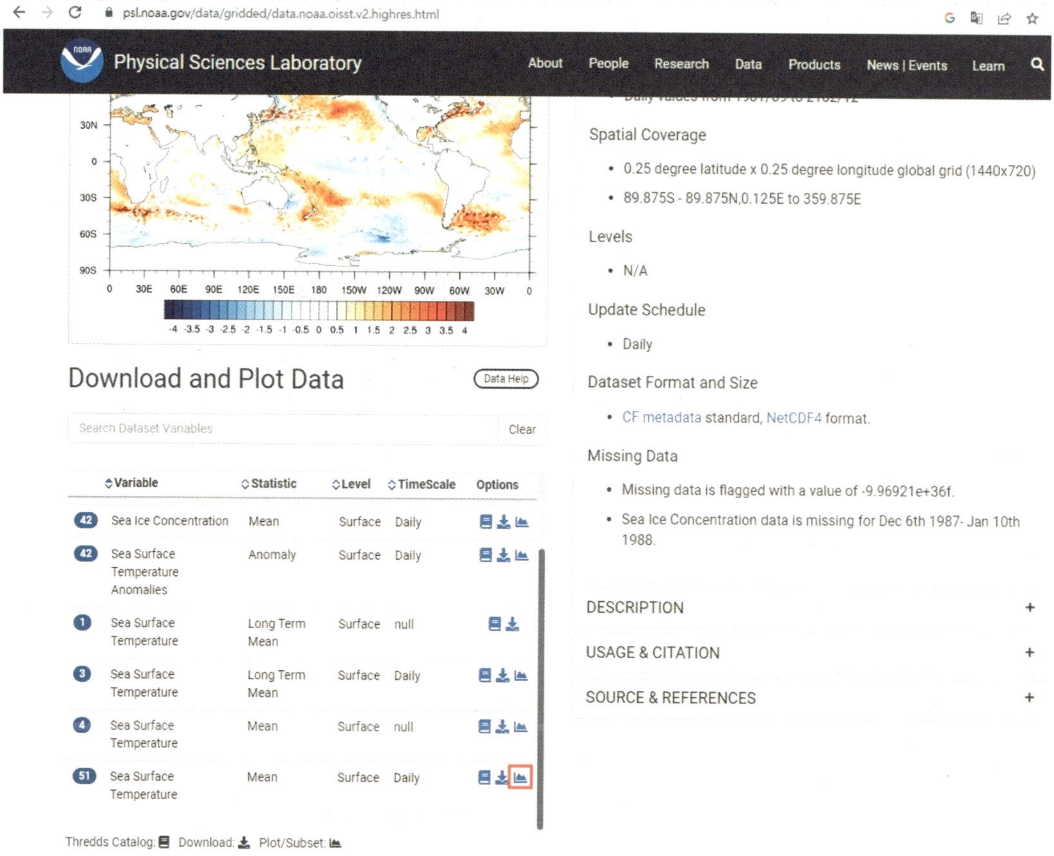

04 날짜선택 항목에서 2020년 9월 1일을 선택한다.

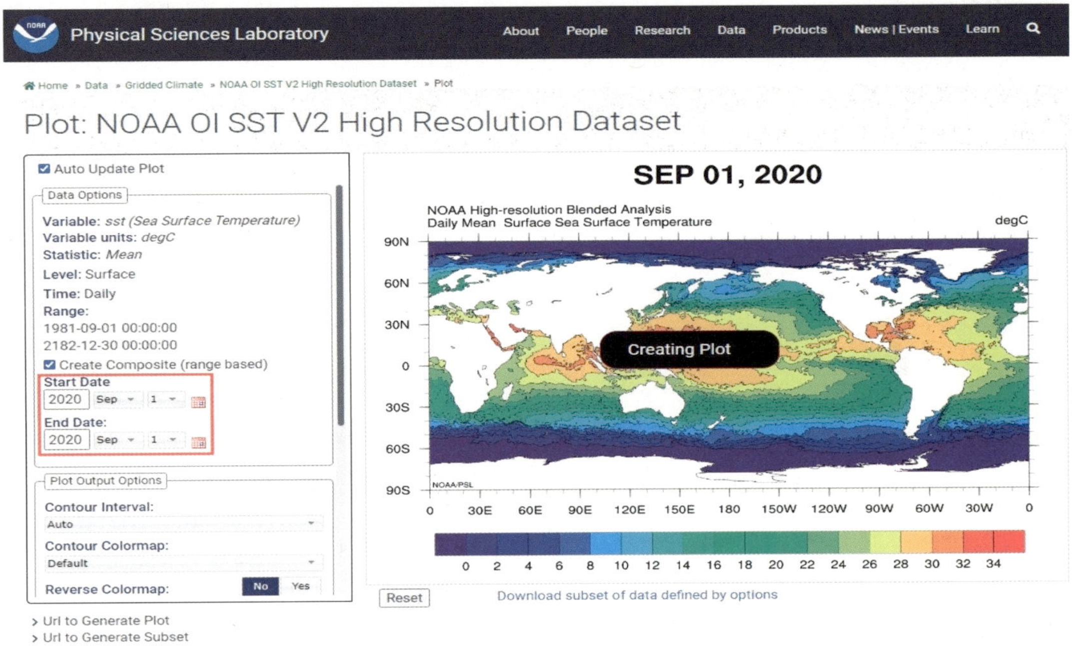

05 필요한 지도영역 설정을 위해 Region 메뉴에서 Custom을 선택한다.

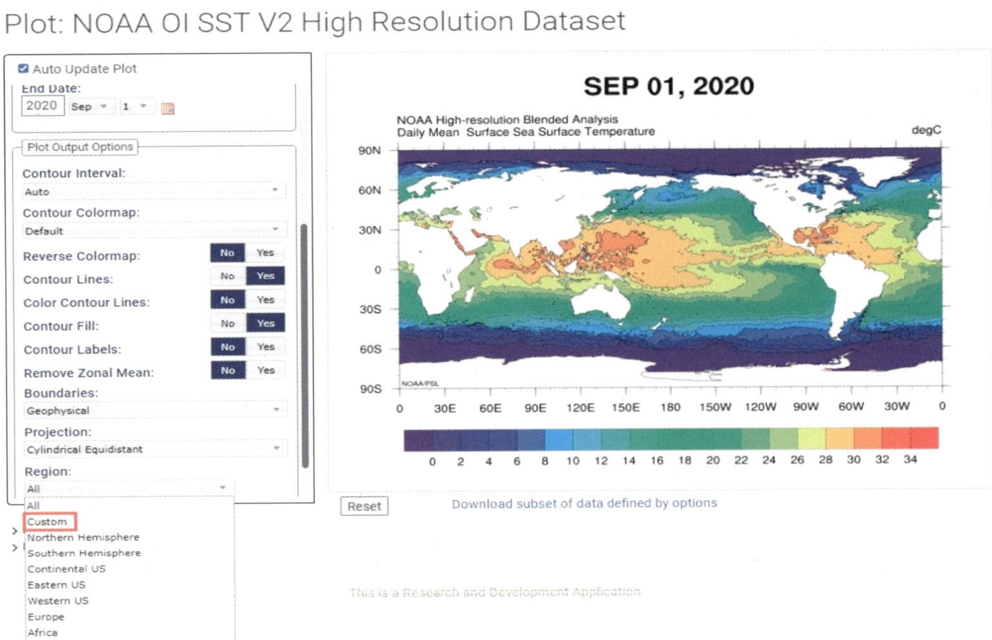

06 원하는 지도영역 경위도를 입력한다.

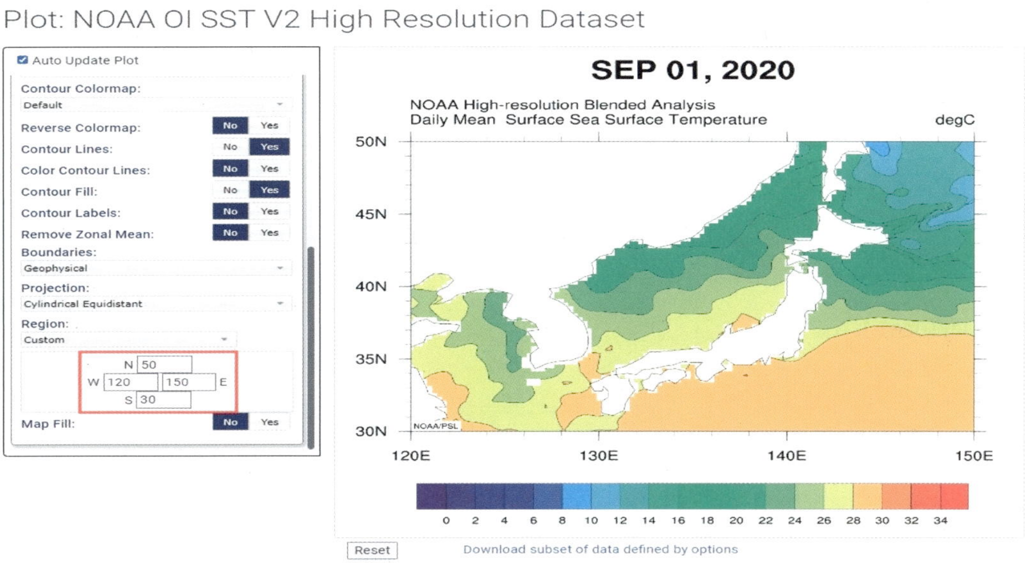

07 그림 하단의 Download subset of data defined by options를 클릭하면 "subset.nc"라는 파일이 다운로드된다.

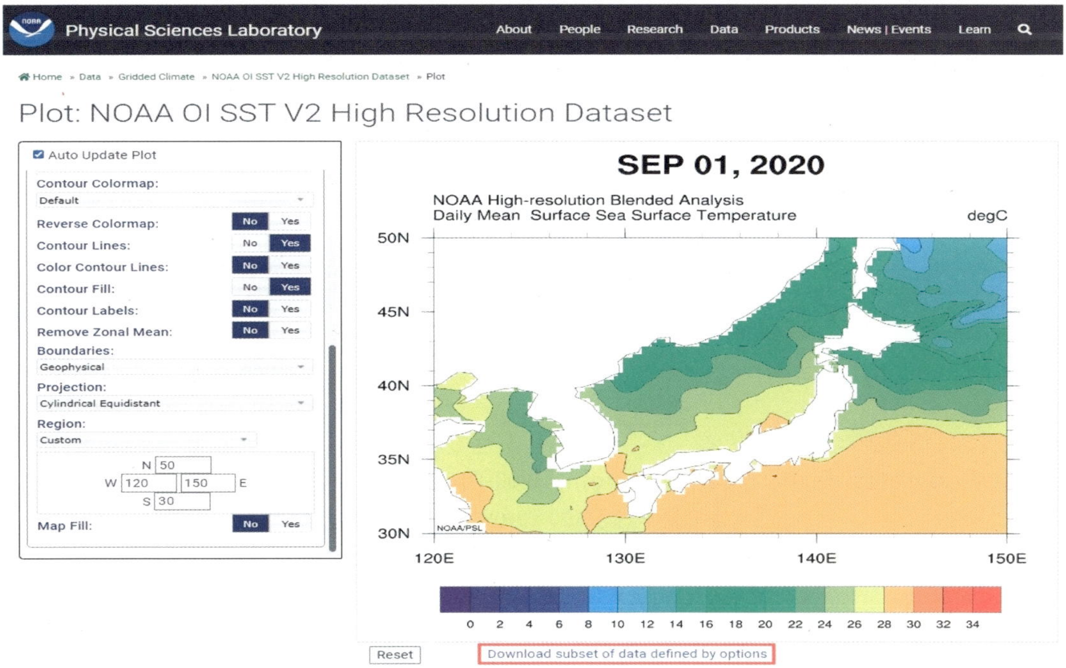

08 다운로드된 파일의 이름을 변경하여 D:/RScript/data/SST_NOAA_2020_01_Sep_daily.nc로 저장한다.

▶ NOAA SST 그리기

• 그림을 그리기 위한 자료 전처리

```
rm(list=ls())

library(oce)
library(ncdf4)
library(ocedata)
library(lubridate) #date and time manipulation ~ as_datetime

# NOAA SST

ncin <- nc_open("D:/RScript/data/SST_NOAA_2020_01_Sep_daily.nc") # NOAA SST
print(ncin)                # netcdf 파일의 변수와 제반 정보를 확인한다.


# get variables
t <- ncvar_get(ncin,"time")
lon <- ncvar_get(ncin,"lon")
lat <- ncvar_get(ncin,"lat")
sst <- ncvar_get(ncin,"sst") # print(ncin)에서 sst 범위는 9.3 ~ 30.0으로 단위는 degree C임을 알 수 있다.


sst <- sst[,,1]            # 첫 번째 set를 선택한다. dim(sst) / 120 80 2


# --- Time
ncatt_get(ncin,'time')     # print(ncin) 에서 확인된 시간 :  days since 1800-01-01 00:00:00
                           # 시간 간격이 day 이므로 1day = 1*3600sec*24hour 이므로 아래과 같이 변환해 준다.

Time <- as_datetime(c(t*3600*24), origin="1800-01-01")  # day --> sec.
head(Time)                 # 출력되는 시간 : "2020-09-01 UTC"
```

• 그림 그리기

```
image(sst)   # 빠른 이미지 확인
```

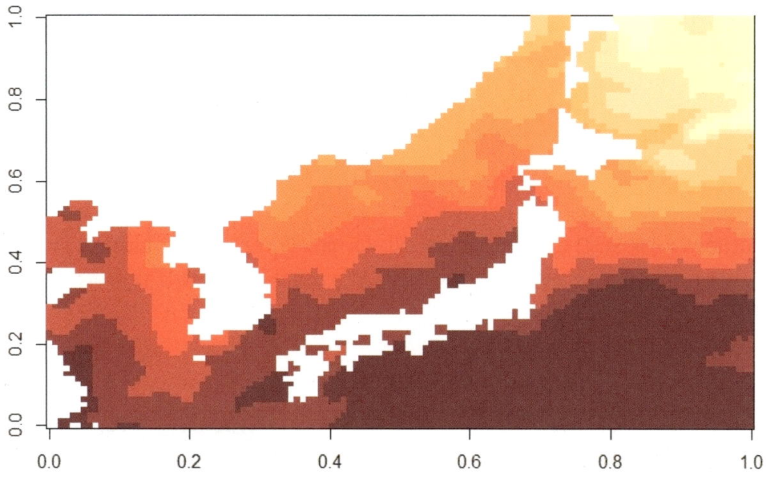


```
# contour NO. 1
filled.contour(x=lon, y=lat, z=sst,
               color.palette = rainbow,   # option : rainbow, heat.colors, topo.colors, cm.colors
               plot.title = title(main = "Sea Surface Temperature",
                                  xlab = "Longitude", ylab = "Latitude", cex.lab=1.5 ),
               key.title = title(main="oC"))
```

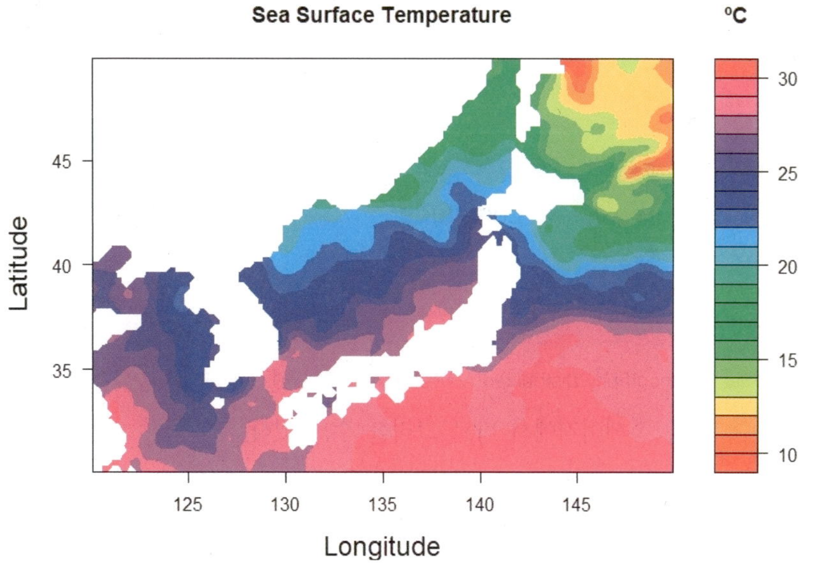

```
# contour NO.2

filled.contour(x=lon, y=lat, z=sst,
            color.palette = rainbow,
            ylim = c(30, 45),
            xlim = c(127,140),
            plot.title = title(main = "Sea Surface Temperature",
                              xlab = "Longitude", ylab = "Latitude", cex.lab=1.5 ),
            key.title = title(main="oC"),                    # colorbar text

            plot.axes = {axis(1); axis(2); points(130, 43, pch=19, cex=3, col="blue");   # 지도 위에 기호 표시
              contour(x=lon, y=lat, z=sst, levels = "20", col="black", add = TRUE )})  # 특정값 (20도) line 표시
```

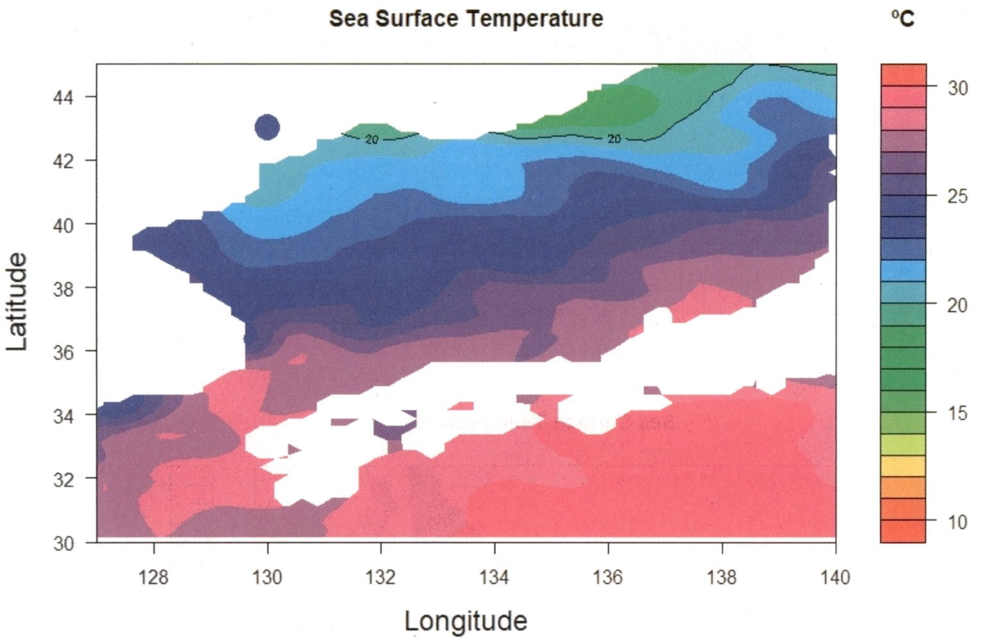

▶ PODAAC(Physical Oceanography Distributed Active Archive Center) 사이트의 SST는 아래의 사이트에서 다운로드받을 수 있고, 홈페이지에서 바로 그려볼 수도 있다.
https://podaac.jpl.nasa.gov/dataset/MUR-JPL-L4-GLOB-v4.1?ids=&values=

01 Data Access를 선택한다.

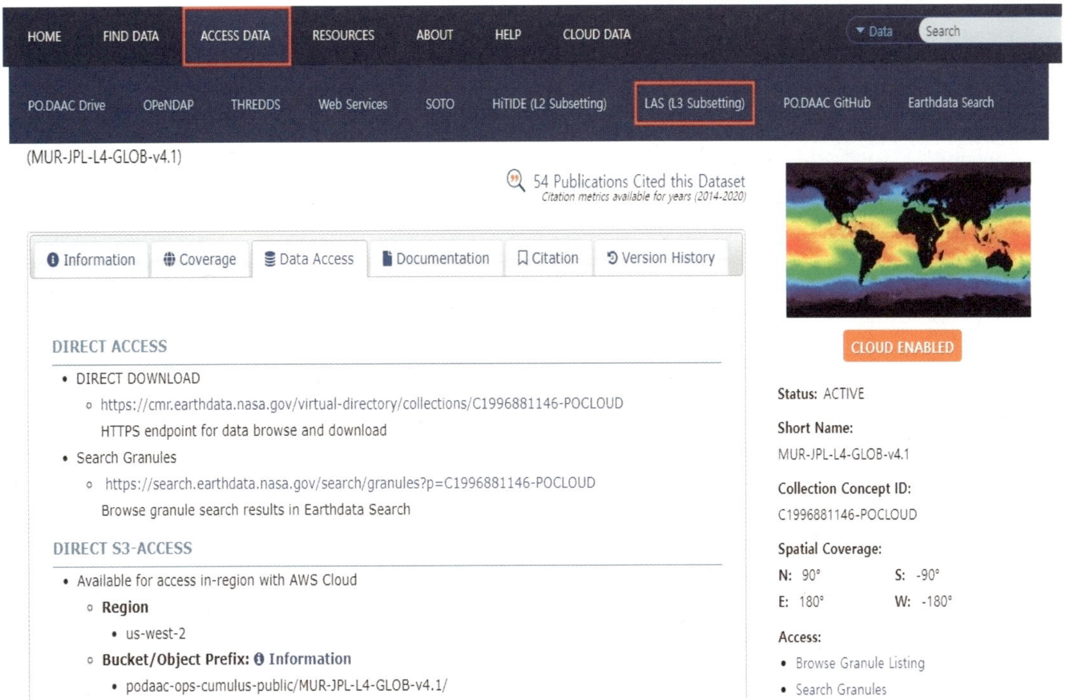

02 먼저 Data Set을 눌러 사용할 SST Data를 선택한다. 여기서는 GHRSST Level 4 K10_SST Global 10 km Analyzed Sea Surface Temperature from Naval Oceanographic Office (NAVO) in GDS2.0를 선택해보기로 하겠다. 이 외에도 다양한 자료들이 있으니 본인에게 필요한 자료를 선택하면 된다.

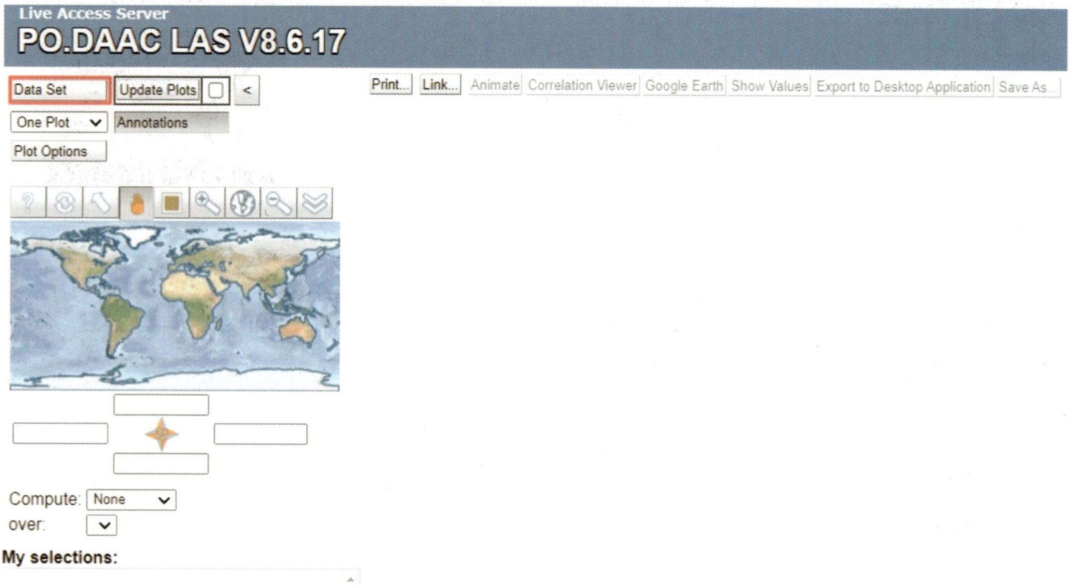

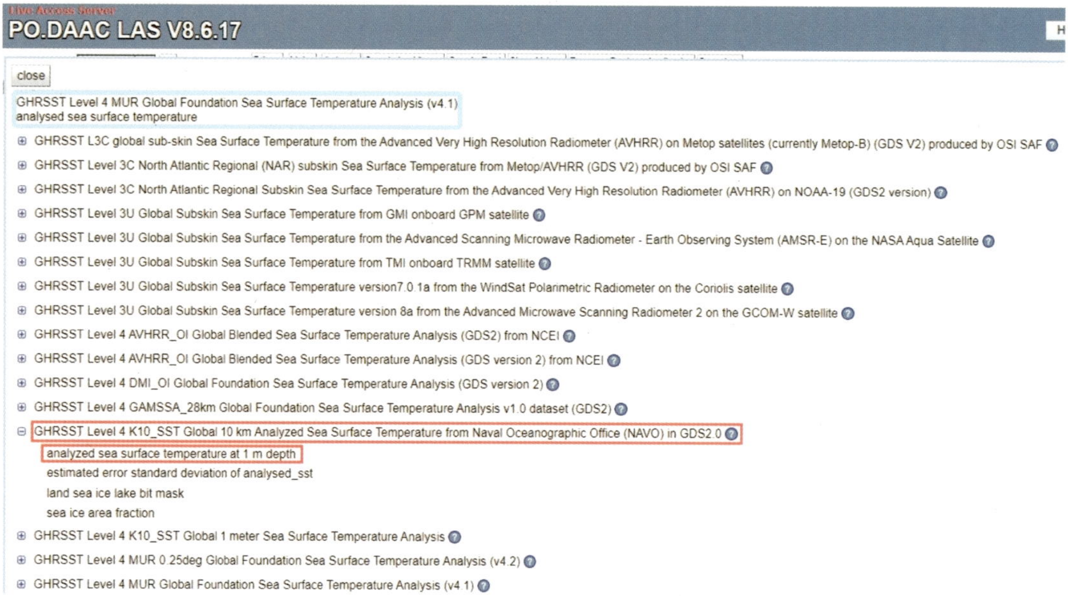

03 다음으로 필요한 자료영역(경위도)을 설정하고, Update Plot 메뉴를 클릭하면 지정된 범위 내의 그림이 나타난다.

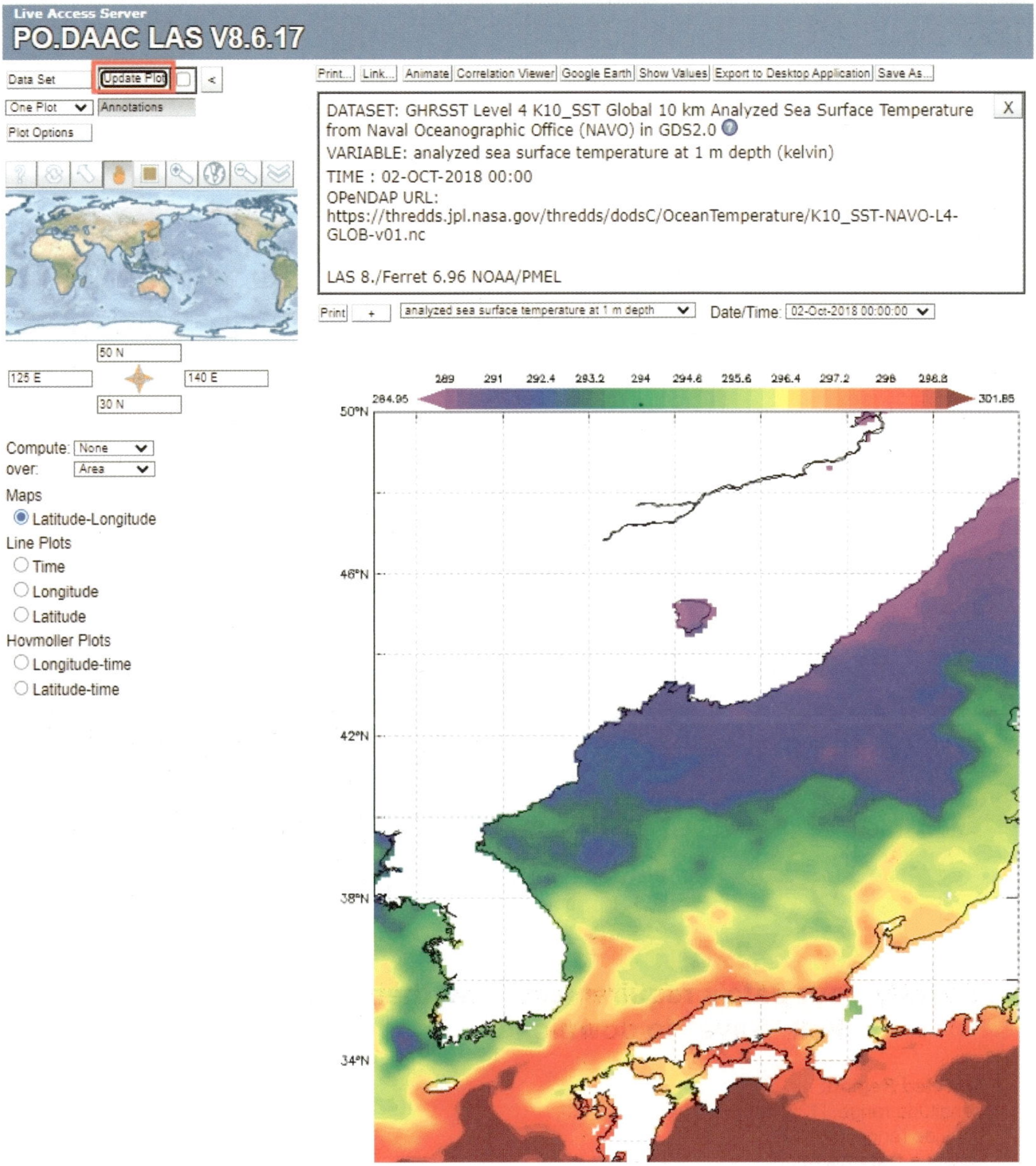

04 이제 Save As 메뉴를 선택하면 아래와 같은 다운로드 화면이 나타나는데 필요한 기간을 설정하고, Save를 누르면 설정된 기간 전체의 자료가 다운로드된다.

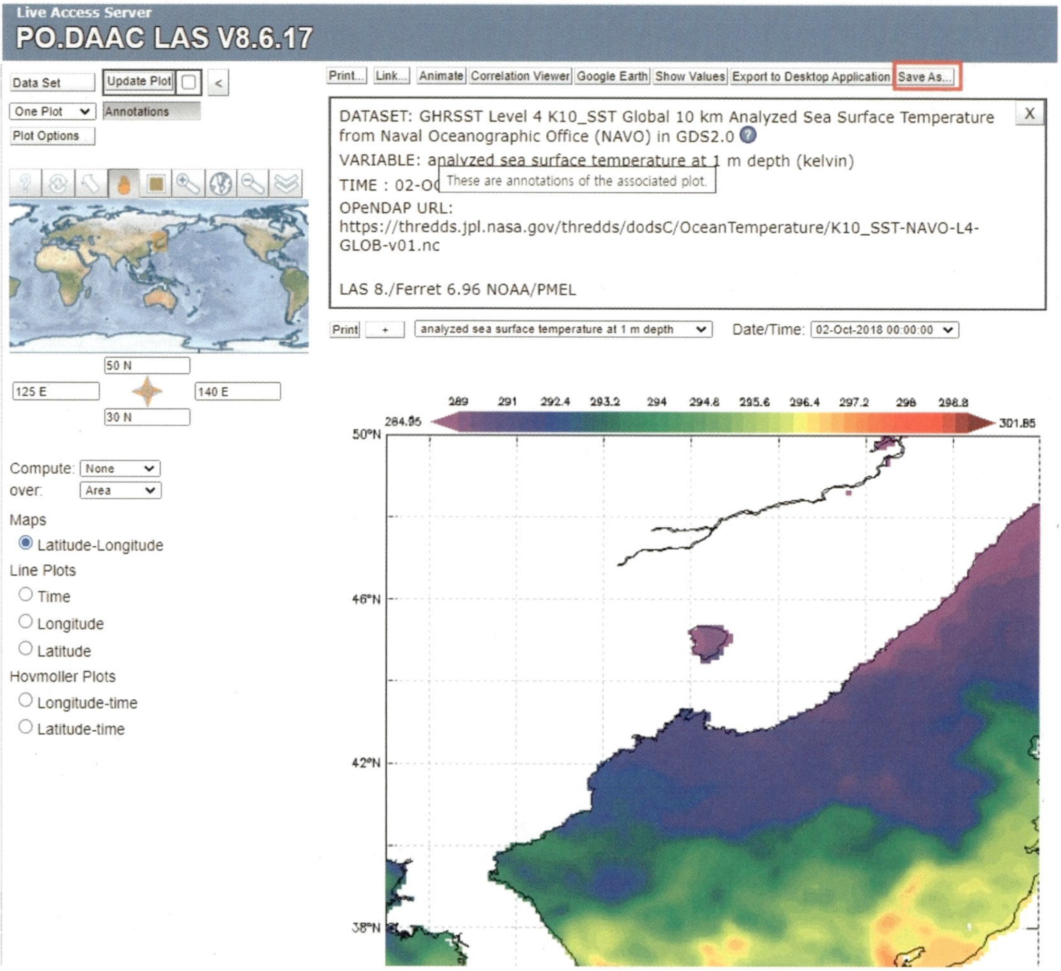

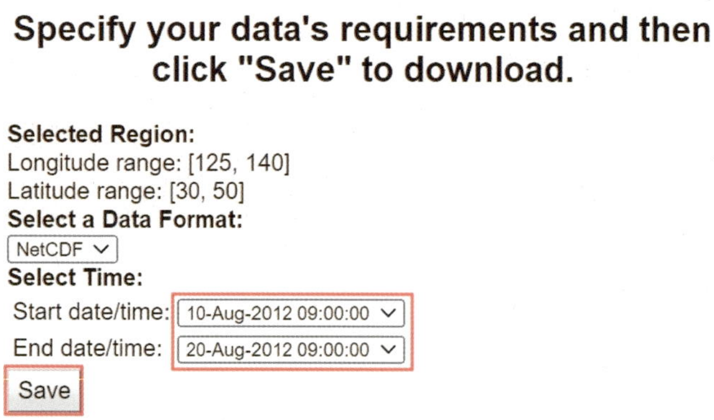

▶ 다운로드된 파일을 D:/RScript/data/SST_Aug_2012.nc로 저장한다.

▶ 참고로 Animate 메뉴를 선택하여 원하는 날짜 범위를 지정해주면 홈페이지상에서 연속적인 SST image를 바로 확인할 수도 있다. 다운로드한 자료로 직접 그린 그림과 홈페이지상에서 보여주는 그림을 비교하여 차이가 없는지 확인해보는 것도 좋은 방법이다.

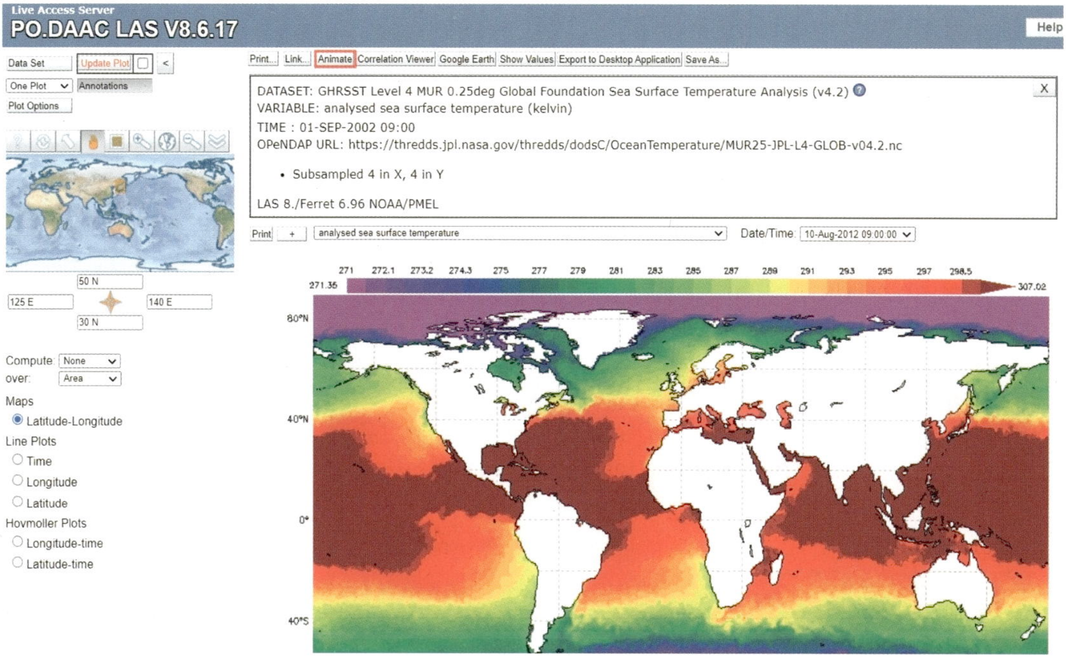

▶ 더불어 이 책에서는 GHRSST Level 4 G1SST Global Foundation Sea Surface Temperature Analysis 자료를 다운받아 작성한 것인데, 이 자료는 0.01도의 고해상도 자료이다. 자료를 다운받아 활용한 뒤 어느 시점 이후로 더 이상 이 자료는 홈페이지에서 서비스하지 않고 있다. 그러나 해상도에만 차이가 있을 뿐 위에서 제시한 방법으로 자료를 다운받은 뒤 그림을 그리는 방법은 동일하므로 본인이 다운받은 자료의 해상도만 잘 확인하여 필요시 코드를 일부 수정하여 활용하기 바란다.

• 먼저 빠른 그림 그리기로 자료의 이상 유무를 확인한다.

```
rm(list=ls())

library(ncdf4)
library(lubridate)

ncin <- nc_open("D:/RScript/data/SST_Aug_2012.nc")
print(ncin)                               # netcdf 파일의 변수와 제반 정보를 확인한다.

# get variables
t <- ncvar_get(ncin, "time")
lon <- ncvar_get(ncin, "lon")
lat <- ncvar_get(ncin, "lat")
sst <- ncvar_get(ncin, "analysed_sst")

# --- Time
ncatt_get(ncin, 'time')                   # 시간확인 (초 단위) : seconds since 1981-01-01 00:00:00
Time <- as_datetime(c(t), origin="1981-01-01")  # 초 단위이므로 별도 변환 불필요

image(sst[,,1])                           # 첫 번째 sst image (10 Aug 2012)만 확인
```

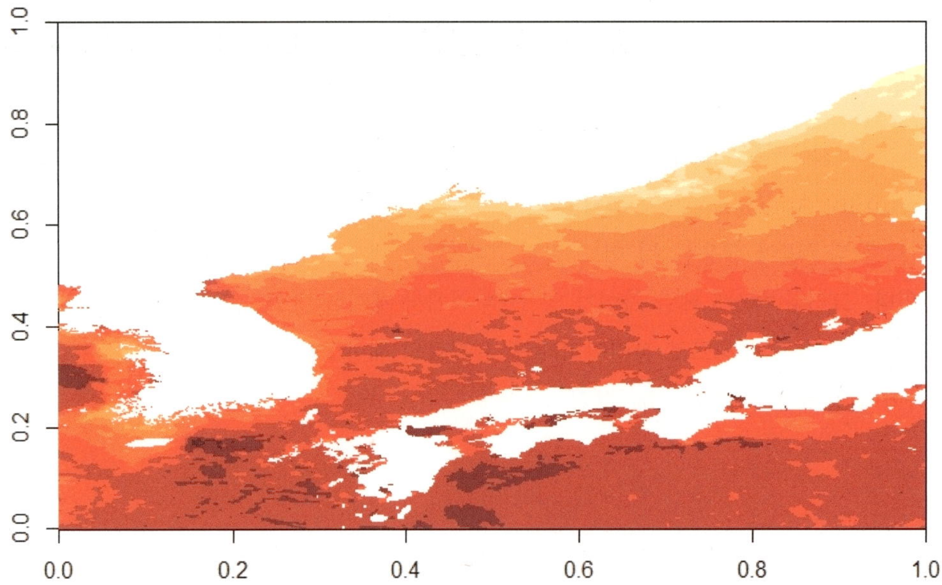

• Kelvin 온도를 섭씨 온도로 변환하여 filled cotour 그리기

```
# convert Kelvin to degree
nsst <- sst -273.15                  # 다운로드된 SST 온도 단위는 Kelvin이므로 degree C로 변환

# contour NO. 1
filled.contour(x=lon, y=lat, z=nsst[,,1],       # 첫 번째 SST 그리기
            color.palette = rainbow,
            plot.title = title(main = "Sea Surface Temperature",
                        xlab = "Longitude", ylab = "Latitude", cex.lab=1.5 ), # cex.axis
            key.title = title(main="oC"))
```

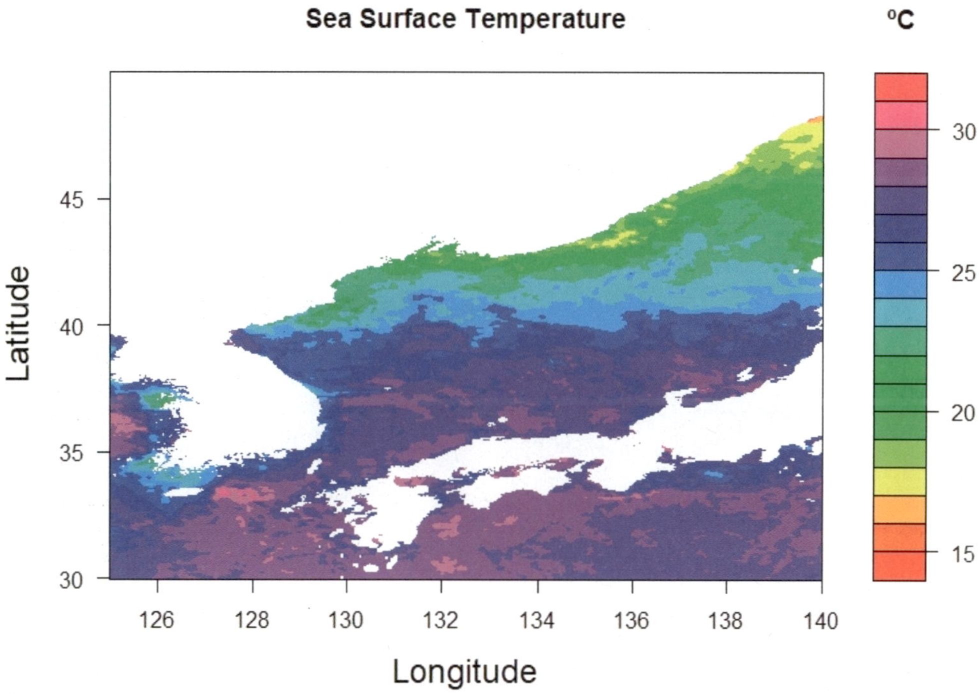

• 필요한 그림 영역설정 및 지도상에 point 표시

```
# contour NO. 2
filled.contour(x=lon, y=lat, z=nsst[,,1],
          color.palette = rainbow,
          ylim = c(30, 45),          # Y-axis 범위 설정
          xlim = c(127,134),         # X-axis 범위 설정

          plot.title = title(main = "Sea Surface Temperature",
                       xlab = "Longitude", ylab = "Latitude", cex.lab=1.5 ),  # cex.axis

          key.title = title(main="oC"),

          plot.axes = {axis(1); axis(2); points(130, 43);        # 지도상에 point 표시
              contour(x=lon, y=lat, z=nsst[,,1], levels = "20", col="black", add = TRUE )})  # 특정값(20도) line 표시
```

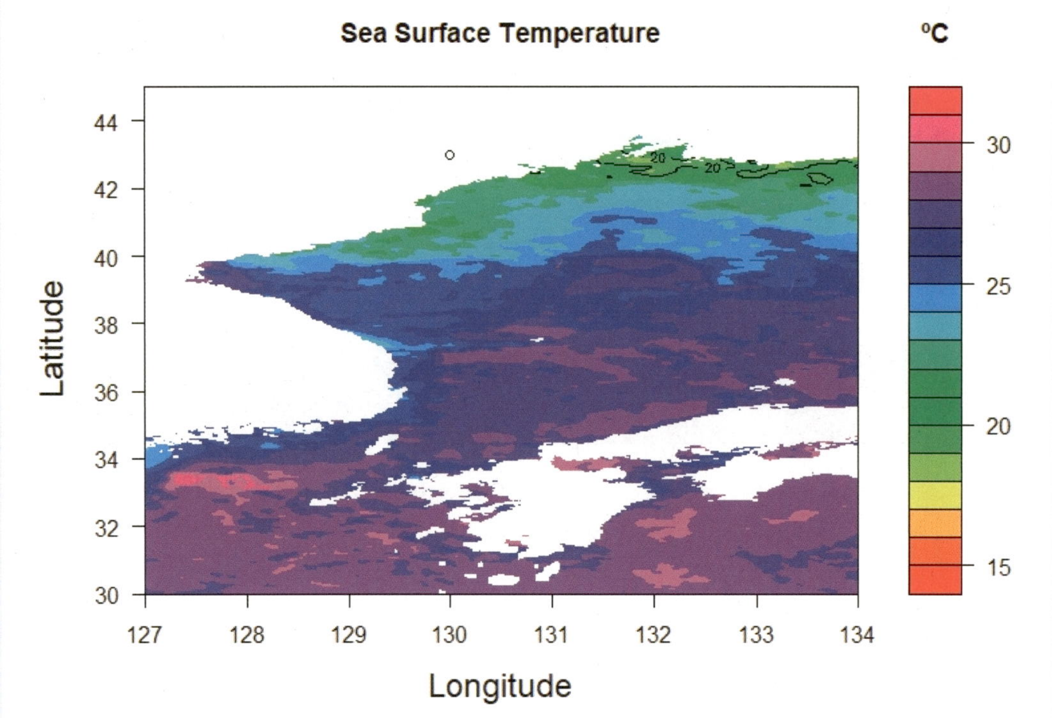

• 특정 위치에서 관측된 SST time series 그리기

다운로드받은 SST 격자의 해상도를 고려하여 경위도의 범위를 정해주면 된다. 아래 코드는 격자 해상도가 0.01도 간격일 경우에 해당한다.

```
# 특정 위치의 SST timeseries 그리기

ESROB <- c(37+32.24/60, 129+12.92/60)

idlon <- which( lon > 129.21 & lon < 129.22)     # ESROB 위치와 가장 가까운 경도값 추출
idlat <- which( lat > 37.53 & lat < 37.54)       # ESROB 위치와 가장 가까운 위도값 추출

ts_ES <- nsst[idlon, inlat, ]            # ESROB 위치와 가장 가까운 위치에서의 sst 값 추출
day <- c(10:20)                          # 10 Aug - 20 Aug이므로 X축에 표시할 날짜 설정

plot(day, ts_ES, type="l", col="blue", lwd=2, ylab="Temperature (oC)", xlab="Time (day)")
```

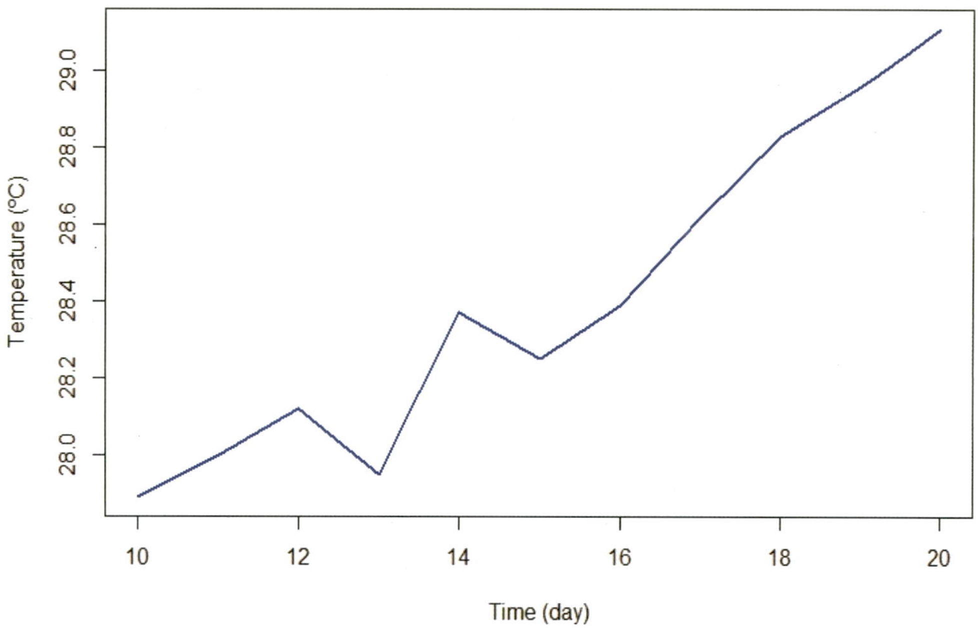

Lecture **13**

Filter(Low, High, Band)와 Spectrum 분석

▶ 시계열 해양 자료에는 다양한 주기의 운동(해류, 조석, 관성주기 내부파 등)이 혼재되어 있어 특정 주파수만을 분리하여 분석해야 할 필요성이 있다.

▶ 따라서 여기서는 저주파만 통과시키는 Low-pass filter, 고주파만 통과시키는 High-pass filter, 그리고 특정 밴드의 주파수를 통과시키는 Band-pass filter에 대해 알아볼 것이다.

▶ 먼저 분석에 사용된 데이터는 seanoe.org에서 EC1을 검색하면 울릉도와 독도 사이의 깊은 수심에 계류된 유속자료를 다운로드받을 수 있는데, 이 자료 중 leg09에 포함된 360 m의 해류 관측자료를 이용할 것이다.

01 먼저 필요한 패키지를 설치한 후 NetCDF 형식의 데이터를 읽어온다. 그 뒤 이번 Lecture에서 사용할 시간과 u 방향의 해류자료를 읽어들인다.

```
library(spectral)
library(ncdf4)


# get variables
ts <- nc_open("./data/OS_EC1_200211_D_RCM7-360m.nc")

time <- ncvar_get(ts, "TIME")
u <- ncvar_get(ts, "UCUR")


#--- convert julian to gregorian

library(insol)

ncatt_get(ts, "TIME")
t0 <- insol::JDymd(year = 1950, month = 1, day = 1) # UTC
jd <- t0 + time
date <- insol::JD(jd, inverse = TRUE)
Time <- tibble::as_tibble(data.frame(time, jd, date))
```

02 다음으로 읽어들인 데이터 중에서도 2003년에 해당하는 시간과 유속 자료를 추출하기 위한 사전 작업으로 해당 기간의 index를 만든다. 그리고 해당 기간의 시간을 추출한다.

```
#--- Interpolation

install.packages("gsignal")
library(gsignal)

ids <- which(Time$date ="2003-01-01")
ide <- which(Time$date =="2003-12-31")

Time[ids[1],]
Time[ide[length(ide)],]
xtime <- Time[ids[1]:ide[length(ide)], 3]
```

03 이제는 유속 자료를 2003년에 해당하는 기간만큼만 추출한 뒤 "-99999"로 되어 있는 부분은 자료가 기록되지 않은 missing data이므로 해당 부분을 "NA" 값으로 대체해준다. 이어서 자료가 연속적인 time series 형식으로 만들기 위해 interpolation을 할 예정인데, 이를 위해서는 배열이 아닌 vector 형식의 입력자료가 필요하므로 vector형 자료로 변경해준다.

```
u2 <- u[ ids[1]:ide[length(ide)] ]    # select only year 2003
ind <- which(u2==-99999)              # find missing value
u2[ind]=NA                            # convert missing value
u3 <- as.vector(u2)                   # convert array to vector
```

04 Vector 형식으로 변환된 유속 자료에는 NA 값이 있는데, 이런 결측치가 있더라도 interpolation을 할 수 있는 함수가 "imputeTS" 패키지에 포함되어 있다. Filter를 정상 작동시키기 위해서는 결측치가 없어야 하므로 다음과 같이 interpolation을 수행한다.

```
install.packages("imputeTS")
library(imputeTS)
u4 <- na_interpolation(u3, option = "linear")  # please use vector
plot(u3, type="l", col="gray")
lines(u4, type="l", col="blue")
```

05 유속 자료는 m/s 단위로 되어 있는데, 수심 360 m에서의 유속은 미약하므로 편의상 cm/s로 변경해주도록 한다.

```
u5 <- u4*100   # m/s --> cm/s
```

06 해류는 수 일~수 십일 이상의 장주기 변동성을 가지므로 30시간 이상의 주기를 가지는 유속 자료만 Low-pass filter로 추출하는 방법은 다음과 같다. 여기서 유속자료가 기록된 시간은 30분 단위이므로 1/2시간이며, 주파수 단위를 입력해야 하므로 1/60을 입력한다. 결과는 아래 그림과 같이 원본 데이터(회색) 대비 저주파 필터된 유속(빨간색)이 잘 추출되었음을 확인할 수 있다.

```
#================== Filter
library(dplR)

# low-pass filter -- note Freq is passed in (0.5 --> 1/2)
b.low <- pass.filt(u5, W=1/60, type="low", method="Butterworth")
plot(u5, type="l", col="grey")
lines(b.low, col="red")
```

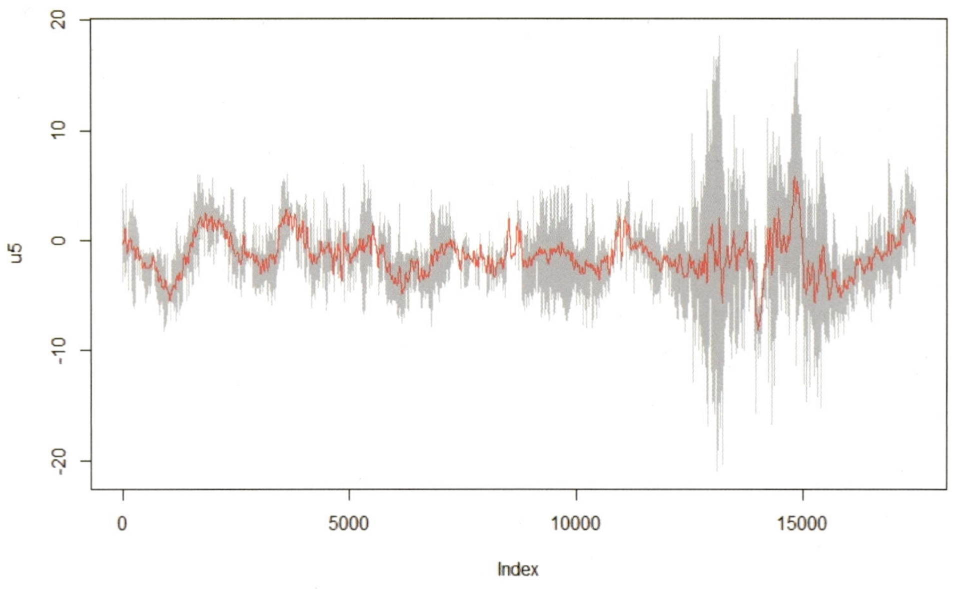

07 위에서 저주파 필터된 유속을 좀 더 멋있게 그려보려면 아래와 같이 x축에 실제 시간을, 그리고 x, y축에는 라벨을 표현해줄 수 있다.

```
library(plotly)
plot_ly(opacity=1) %>%
  add_lines(x = ~ Time$date, y = ~ b.low) %>%
  layout(xaxis=list(title="Time", titlefont=list(size=30), tickformat = "%m/%Y", tickfont=list(size=15)),
        yaxis=list(title="U-velocity (cm/s)", titlefont=list(size=20), tickfont=list(size=15)))
```

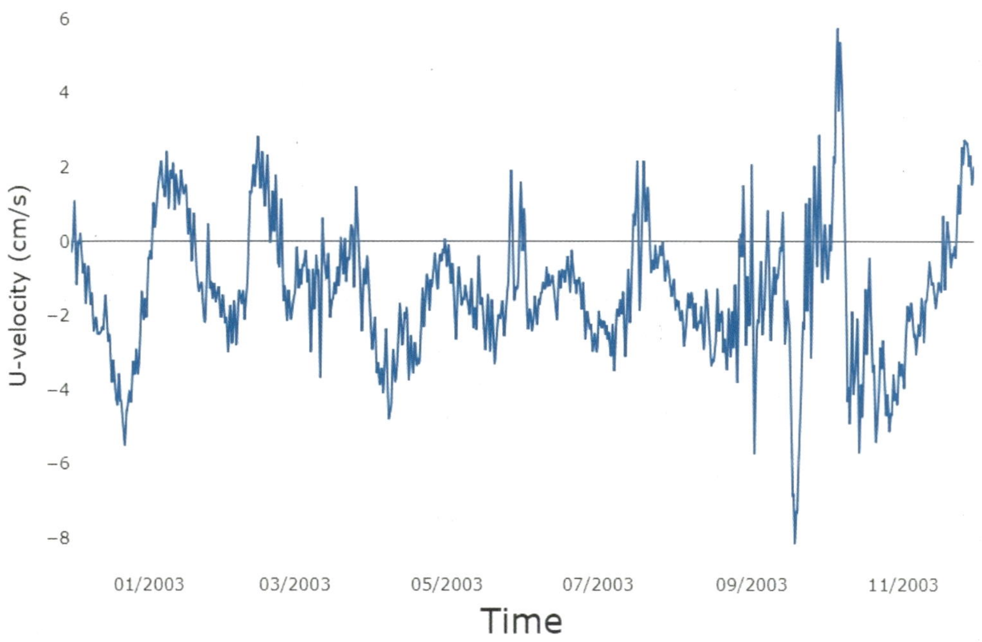

▶ 다음으로 M2 조석이 포함된 13시간 High-pass filter를 적용해보자.
여기서 주의할 점은 Low-pass filter와 다르게 frequency가 아닌 주기를 사용한다는 것이다. 고주파 필터를 적용하면 아래 그림과 같이 기존 자료로부터 13시간 고주파 필터가 적용된 유속 자료가 잘 추출되었음을 확인할 수 있다.

```
# high-pass filter (1/2 --> 2) -- note Period is passed in
b.high <- pass.filt(u5, W = 26, type="high")  # 13 h filter(interval:1/2h)
plot(u5, type="l", col="grey")
lines(b.high, col="red")
```

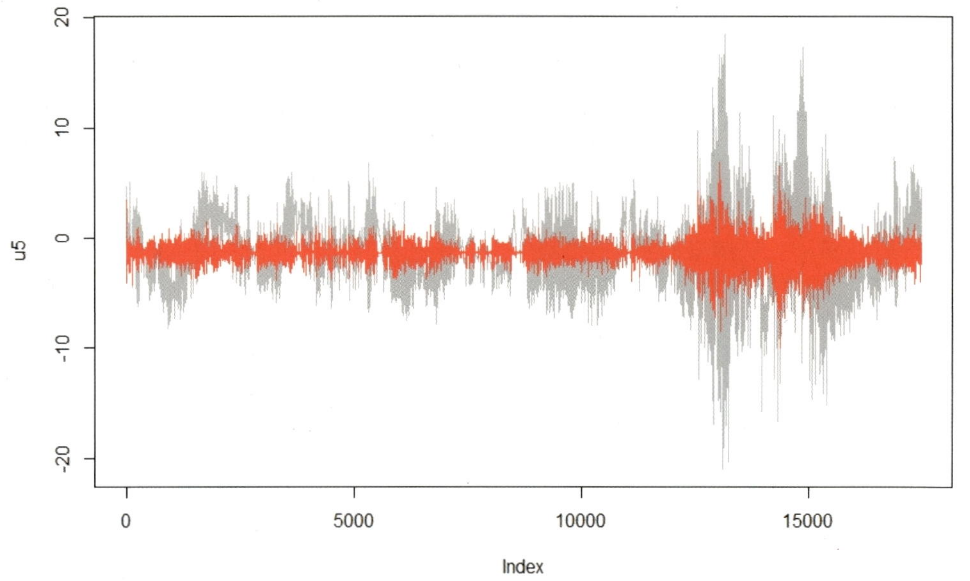

▶ 이제는 특정 주기의 범위만 추출하는 Band-pass filter에 대해 알아보자. 지구의 자전효과에 의해 발생되는 준관성주기 운동은 위도마다 주기가 정해지는데, 해당 자료가 관측된 위치의 주기는 약 20시간이다. 따라서 18~22시간 범위에 해당하는 유속 자료만 추출하여 준관성주기 내부파의 운동을 살펴보고자 한다면 Band-pass filter를 사용하면 된다.

▶ 아래 그림에서 보면 준관성주기 운동이 강하게 나타나는 것을 확인할 수 있는데, 수심 360 m는 영구수온약층 하부이므로 해류가 약하고, 동해에서는 M2 조석 또한 약한 반면, 준관성주기 운동이 지배적인 특성이 있는데, 여러 필터를 적용하여 데이터를 분석하면 이러한 현상을 잘 확인할 수 있다.

```
# band-pass filter / 18~22 h -- note Freqs are passed in
b.band <- pass.filt(u5, W=c(1/(18*2), 1/(22*2)), type="pass")
plot(u5, type="l", col="grey")
lines(b.band, col="red")
```

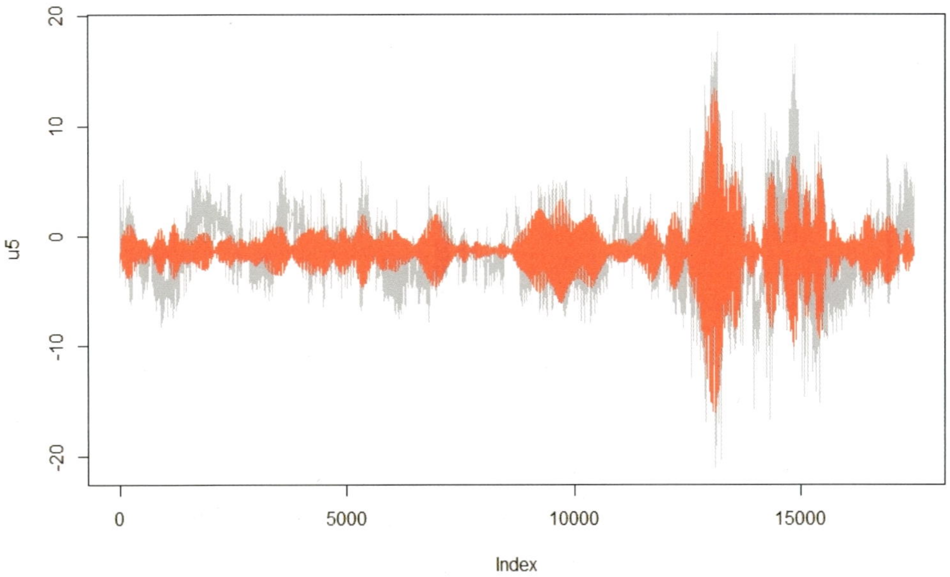

▶ 어떤 주기에서 강한 운동이 나타나는지 확인하기 위해서는 Spectrum 분석이 필요하다. 사실 스팩트럼 분석을 먼저 해보고 뚜렷한 주기가 확인되면 이를 바탕으로 필터를 적용하는 것이 옳은 순서이긴 하나, 여기서는 순서와 상관없이 사용 방법에 대해 다루도록 한다.

```
# spectrum(u5)
fs=2 # 1/2 hour

wd=length(u5)
pw <- pwelch(u5, window = wd, fs = fs, detrend = "none")
plot(pw, xlim = c(0, 0.1), main = "PSD estimate using FFT", ylim=c(0,2000),
     col="blue", lty=1, lwd=2)
```

01 아래의 스펙트럼 결과 그림에서 주파수가 0.05 부근, 즉 20시간 부근에 강한 신호가 나타나는데, 이 주기가 위에서 언급한 준관성주기이다.

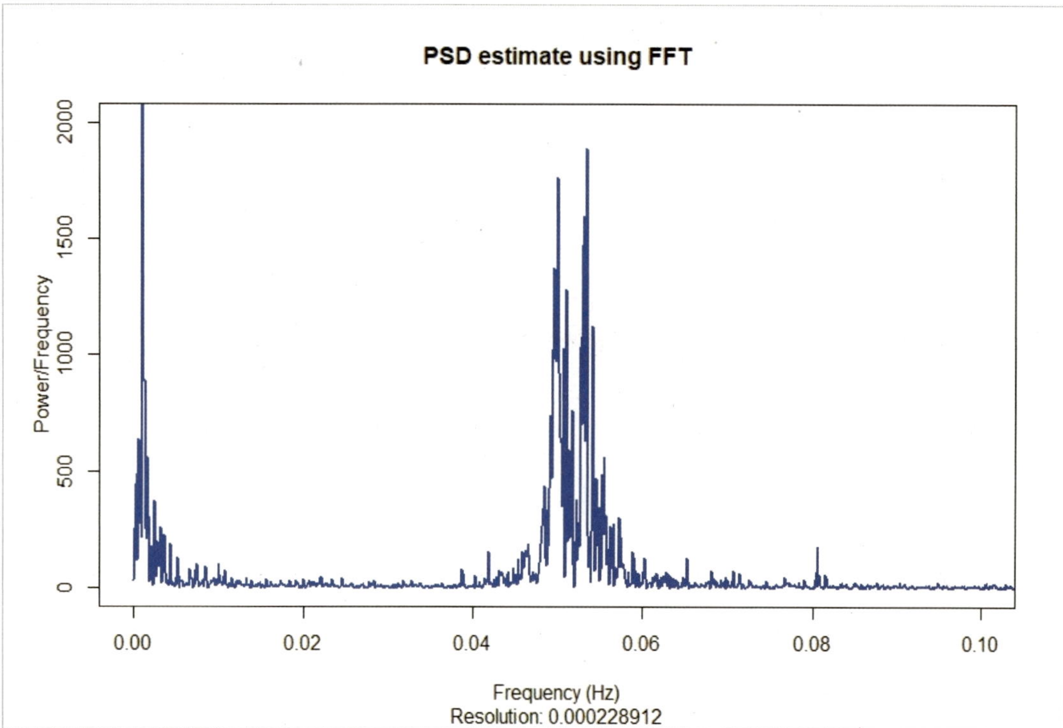

02 그리고 아래와 같이 윈도우(window) 길이를 달리해주면 스펙트럼이 나타나는 peak의 모양도 조금씩 달라진다. pwelch는 신호를 윈도우 길이와 같은 길이의 segment로 나누게 되는데, 사용자의 목적에 알맞게 선택할 필요가 있다.

```
# spectrum(u5)
fs=2 # 1/2 hour

wd=round(length(u5)/5)
pw <- pwelch(u5, window = wd, fs = fs, detrend = "none")
plot(pw, xlim = c(0, 0.1), main = "PSD estimate using FFT", ylim=c(0,2000),
    col="blue", lty=1, lwd=2)
```

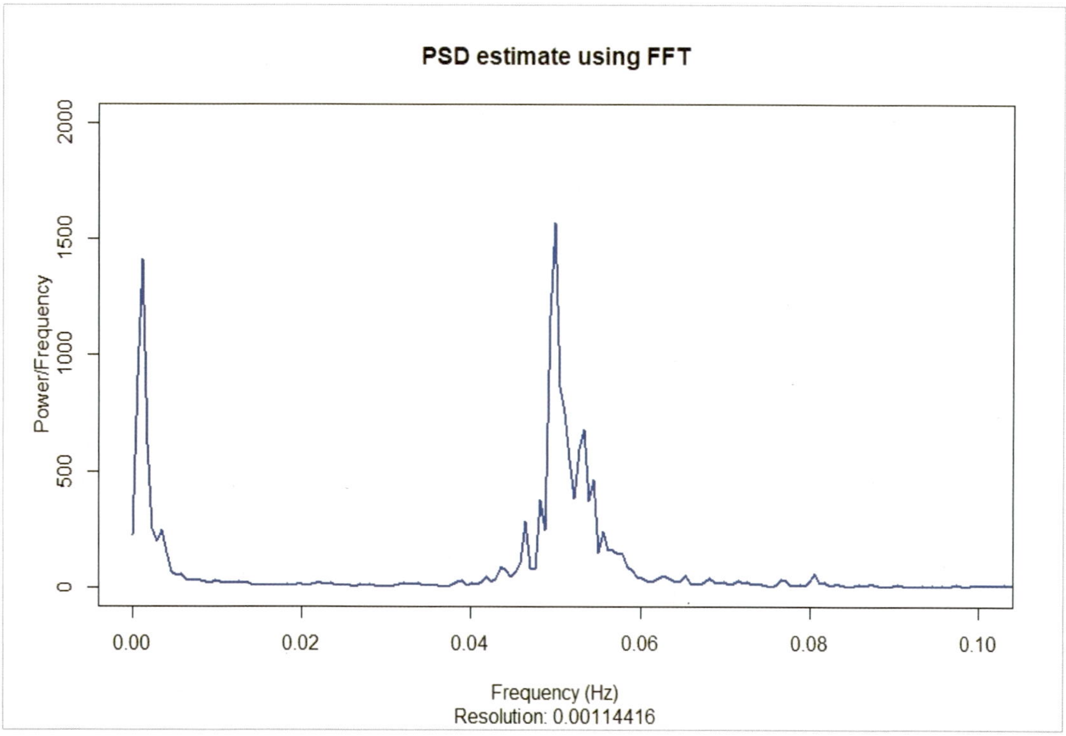

03 위의 스팩트럼에서 peak이 나타나는 정확한 주기를 확인해보려면 아래와 같이 which 함수를 활용하면 된다. 아래와 같이 주기를 찾아보면 20.086시간이 출력된다. 이는 위에서 언급한 약 20시간의 준관성주기와 잘 일치함을 확인할 수 있는 결과이다.

```
idx <- which(pw$spec >= 1500 & pw$spec <= 1700)
1/pw$freq[idx]   # find the period with the second maximum
```

04 만약 장주기(저주파) 변동성을 보다 세밀하게 확인하고 싶다면 "x-축"을 log-scale로 표현해주면 되는데, ggplot2 패키지를 이용하면 아래와 같이 쉽게 변환 가능하다.

```
#-- log scale

library(ggplot2)
ggplot() + aes(x=pw$freq, y=pw$spec) + geom_line(color="blue") + scale_x_log10() +
  labs(title="Spectrum of u-current", x="frequency(cph)", y=bquote((cm/s)^2/cph)) +
  theme(axis.title = element_text(size=15), axis.text=element_text(size=12, face="bold"))
```

05 위의 코드로 얻은 아래 그래프를 보면 장주기 부분이 확대된 것을 확인할 수 있다.

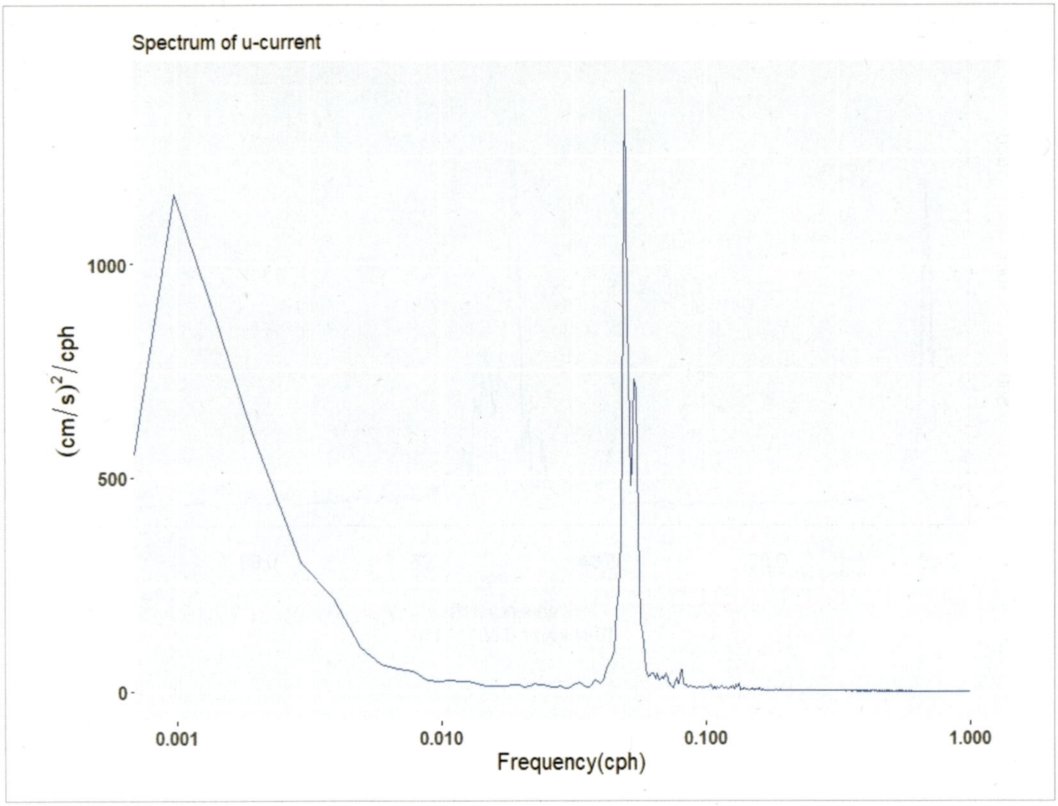

Lecture **14**

엘니뇨 남방진동 지수 (ENSO Index) 그리기

▶ "rsoi" package를 이용하여 엘니뇨-남방진동(El Nino-Southern Oscillation) 데이터를 다운로드하고 "ggplot2" package로 가시화하는 방법을 알아본다.

▶ 아래 코드에서 Enso_idx를 확인해보면 1951. 1. 1. ~ 2022. 1. 1.까지의 데이터가 있는 것을 알 수 있다(자료가 업데이트됨에 따라 마지막 자료의 기간은 달라질 수 있으므로 확인이 필요하다. 따라서 X-axis는 여유 있게 1950. 1. 1. ~ 2022. 9. 1.로 설정하여 가시화하였다).

```
# Library
library(tidyverse); library(rsoi)
library(plotly); library(reshape2); library(ggplot2)

# load data
Enso_idx = rsoi::download_enso()
dplyr::tbl_df(Enso_idx)

# set limitation
Xmin="1950-01-01"
Xmax="2022-09-01"

# Figure
ggplot(data=Enso_idx, aes(x=Date, y=ONI, fill=phase)) +
  theme_bw() + geom_col() +
  scale_fill_manual(values = c("dodgerblue", "springgreen4", "tomato1")) +   # designate color
  scale_x_date(expand = c(0,0), date_breaks = "10 years", date_labels = "%Y",
               limits = as.Date(c(Xmin, Xmax))) +
  scale_y_continuous(expand=c(0,0), breaks=seq(-2,2,1), limits=c(-2,2)) +

  labs(x="Time (year)", y="ENSO Index", fill="Phase", title="El Nino-Southern Oscillation"
       , subtitle="Period : April 01, 1951 - Jan 01, 2022") +
  theme(
       plot.title=element_text(face="bold", size=18, colour="black")
       , axis.title.x=element_text(face="bold", size=18, colour="black")
       , axis.title.y=element_text(face="bold", size=18, colour="black", angle=90)
       , axis.text.x=element_text(face="bold", size=18, colour="black")
       , axis.text.y=element_text(face="bold", size=18, colour="black")
       , legend.title=element_text(face="bold", size=14, colour="black")
       , legend.position="bottom"
       , legend.justification=c(0,0.96)
       , legend.key=element_blank()
```

```
    , legend.text=element_text(size=14, colour="black")
    , legend.background=element_blank()
    , plot.margin=unit(c(0, 8, 0 ,0), "mm")
    )

# Save Figure

ggsave(filename=paste0("D:/RScript/Figure/ENSO_Index.png"), width=12, height=8, dpi=600)
```

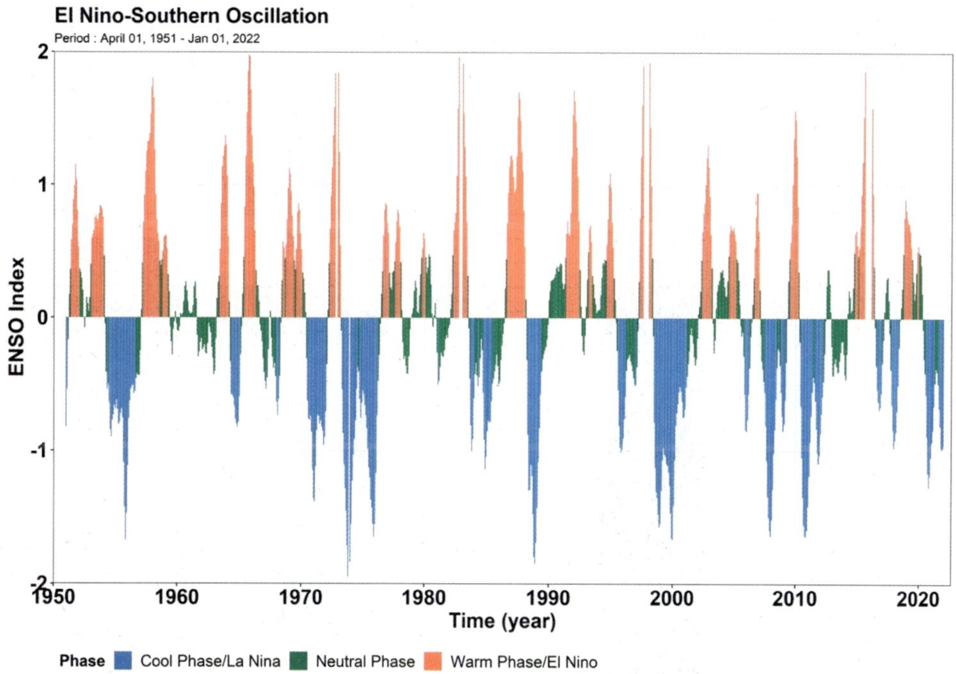

▶ 위 코드에서 “ggplot2” package를 이용하여 그림에 나타내는 색깔을 자동으로 설정할 수 있으나, 이 경우 Cool phase인 “라니냐”가 빨간색 계통으로, Warm phase인 “엘니뇨”가 파란색 계통으로 나타나 직관적으로 이해하는데 혼동을 가져올 수 있다.

▶ 따라서 “scale_fill_manual(values = c("dodgerblue", "springgreen4", "tomato1"))”과 같이 직접 Color를 지정하여 변경할 수 있다.

▶ R에서 사용할 수 있는 Color의 종류는 매우 다양한데, 아래에 첨부한 Color pallet을 참고하기 바란다.

▶ R Colors(출처 : https://greggilbertlab.sites.ucsc.edu/teaching/rtransition/)

brown4	darkorange4	gray	gray57	hotpink3	lightsalmon4	navajowhite1	plum3	slategray3	antiquewhite
brown3	darkorange3	goldenrod4	gray56	hotpink2	lightsalmon3	navajowhite	plum2	slategray2	aliceblue
brown2	darkorange2	goldenrod3	gray55	hotpink1	lightsalmon2	moccasin	plum1	slategray1	white
brown1	darkorange1	goldenrod2	gray54	hotpink	lightsalmon1	mistyrose4	plum	slategray	yellowgreen
brown	darkorange	goldenrod1	gray53	honeydew4	lightsalmon	mistyrose3	pink4	slateblue4	yellow4
blueviolet	darkolivegreen4	goldenrod	gray52	honeydew3	lightpink4	mistyrose2	pink3	slateblue3	yellow3
blue4	darkolivegreen3	gold4	gray51	honeydew2	lightpink3	mistyrose1	pink2	slateblue2	yellow2
blue3	darkolivegreen2	gold3	gray50	honeydew1	lightpink2	mistyrose	pink1	slateblue1	yellow1
blue2	darkolivegreen1	gold2	gray49	honeydew	lightpink1	mintcream	pink	slateblue	yellow
blue1	darkolivegreen	gold1	gray48	greenyellow	lightpink	midnightblue	peru	skyblue4	whitesmoke
blue	darkmagenta	gold	gray47	green4	lightgrey	mediumvioletred	peachpuff4	skyblue3	wheat4
blanchedalmond	darkkhaki	ghostwhite	gray46	green3	lightgreen	mediumturquoise	peachpuff3	skyblue2	wheat3
black	darkgrey	gainsboro	gray45	green2	lightgray	mediumspringgreen	peachpuff2	skyblue1	wheat2
bisque4	darkgreen	forestgreen	gray44	green1	lightgoldenrodyellow	mediumslateblue	peachpuff1	skyblue	wheat1
bisque3	darkgray	floralwhite	gray43	green	lightgoldenrod4	mediumseagreen	peachpuff	sienna4	wheat
bisque2	darkgoldenrod4	firebrick4	gray42	gray100	lightgoldenrod3	mediumpurple4	papayawhip	sienna3	violetred4
bisque1	darkgoldenrod3	firebrick3	gray41	gray99	lightgoldenrod2	mediumpurple3	palevioletred4	sienna2	violetred3
bisque	darkgoldenrod2	firebrick2	gray40	gray98	lightgoldenrod1	mediumpurple2	palevioletred3	sienna1	violetred2
beige	darkgoldenrod1	firebrick1	gray39	gray97	lightgoldenrod	mediumpurple1	palevioletred2	sienna	violetred1
azure4	darkgoldenrod	firebrick	gray38	gray96	lightcyan4	mediumpurple	palevioletred1	seashell4	violetred
azure3	darkcyan	dodgerblue4	gray37	gray95	lightcyan3	mediumorchid4	palevioletred	seashell3	violet
azure2	darkblue	dodgerblue3	gray36	gray94	lightcyan2	mediumorchid3	paleturquoise4	seashell2	turquoise4
azure1	cyan4	dodgerblue2	gray35	gray93	lightcyan1	mediumorchid2	paleturquoise3	seashell1	turquoise3
azure	cyan3	dodgerblue1	gray34	gray92	lightcyan	mediumorchid1	paleturquoise2	seashell	turquoise2
aquamarine4	cyan2	dodgerblue	gray33	gray91	lightcoral	mediumorchid	paleturquoise1	seagreen4	turquoise1
aquamarine3	cyan1	dimgrey	gray32	gray90	lightblue4	mediumblue	paleturquoise	seagreen3	turquoise
aquamarine2	cyan	dimgray	gray31	gray89	lightblue3	mediumaquamarine	palegreen4	seagreen2	tomato4
aquamarine1	cornsilk4	deepskyblue4	gray30	gray88	lightblue2	maroon4	palegreen3	seagreen1	tomato3
aquamarine	cornsilk3	deepskyblue3	gray29	gray87	lightblue1	maroon3	palegreen2	seagreen	tomato2
antiquewhite4	cornsilk2	deepskyblue2	gray28	gray86	lightblue	maroon2	palegreen1	sandybrown	tomato1
antiquewhite3	cornsilk1	deepskyblue1	gray27	gray85	lemonchiffon4	maroon1	palegreen	salmon4	tomato
antiquewhite2	cornsilk	deepskyblue	gray26	gray84	lemonchiffon3	maroon	palegoldenrod	salmon3	thistle4
antiquewhite1	cornflowerblue	deeppink4	gray25	gray83	lemonchiffon2	magenta4	orchid4	salmon2	thistle3
antiquewhite	coral4	deeppink3	gray24	gray82	lemonchiffon1	magenta3	orchid3	salmon1	thistle2
aliceblue	coral3	deeppink2	gray23	gray81	lemonchiffon	magenta2	orchid2	salmon	thistle1
white	coral2	deeppink1	gray22	gray80	lawngreen	magenta1	orchid1	saddlebrown	thistle
bisque3	coral1	deeppink	gray21	gray79	lavenderblush4	magenta	orchid	royalblue4	tan4
bisque2	coral	darkviolet	gray20	gray78	lavenderblush3	linen	orangered4	royalblue3	tan3
bisque1	chocolate4	darkturquoise	gray19	gray77	lavenderblush2	limegreen	orangered3	royalblue2	tan2
bisque	chocolate3	darkslategrey	gray18	gray76	lavenderblush1	lightyellow4	orangered2	royalblue1	tan1
beige	chocolate2	darkslategray4	gray17	gray75	lavenderblush	lightyellow3	orangered1	royalblue	tan
azure4	chocolate1	darkslategray3	gray16	gray74	lavender	lightyellow2	orangered	rosybrown4	steelblue4
azure3	chocolate	darkslategray2	gray15	gray73	khaki4	lightyellow1	orange4	rosybrown3	steelblue3
azure2	chartreuse4	darkslategray1	gray14	gray72	khaki3	lightyellow	orange3	rosybrown2	steelblue2
azure1	chartreuse3	darkslategray	gray13	gray71	khaki2	lightsteelblue4	orange2	rosybrown1	steelblue1
azure	chartreuse2	darkslateblue	gray12	gray70	khaki1	lightsteelblue3	orange1	rosybrown	steelblue
aquamarine4	chartreuse1	darkseagreen4	gray11	gray69	khaki	lightsteelblue2	orange	red4	springgreen4
aquamarine3	chartreuse	darkseagreen3	gray10	gray68	ivory4	lightsteelblue1	olivedrab4	red3	springgreen3
aquamarine2	cadetblue4	darkseagreen2	gray9	gray67	ivory3	lightsteelblue	olivedrab3	red2	springgreen2
aquamarine1	cadetblue3	darkseagreen1	gray8	gray66	ivory2	lightslategrey	olivedrab2	red1	springgreen1
aquamarine	cadetblue2	darkseagreen	gray7	gray65	ivory1	lightslategray	olivedrab1	red	springgreen
antiquewhite4	cadetblue1	darksalmon	gray6	gray64	ivory	lightslateblue	olivedrab	purple4	snow4
antiquewhite3	cadetblue	darkred	gray5	gray63	indianred4	lightskyblue4	oldlace	purple3	snow3
antiquewhite2	burlywood4	darkorchid4	gray4	gray62	indianred3	lightskyblue3	navyblue	purple2	snow2
antiquewhite1	burlywood3	darkorchid3	gray3	gray61	indianred2	lightskyblue2	navy	purple1	snow1
antiquewhite	burlywood2	darkorchid2	gray2	gray60	indianred1	lightskyblue1	navajowhite4	purple	snow
aliceblue	burlywood1	darkorchid1	gray1	gray59	indianred	lightskyblue	navajowhite3	powderblue	slategrey
white	burlywood	darkorchid	gray0	gray58	hotpink4	lightseagreen	navajowhite2	plum4	slategray4

Lecture **15**

Animated gif 만들기

▶ Animated gif를 만들기 위해서는 먼저 ImageMagick을 설치하여야 한다.

▶ ImageMagick 다운로드 사이트 : https://imagemagick.org/script/download.php

▶ 아래의 순서대로 다운로드 후 설치한다.

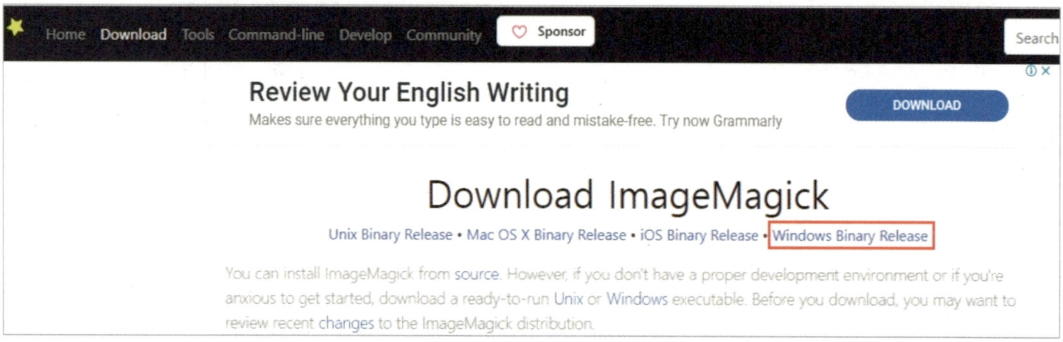

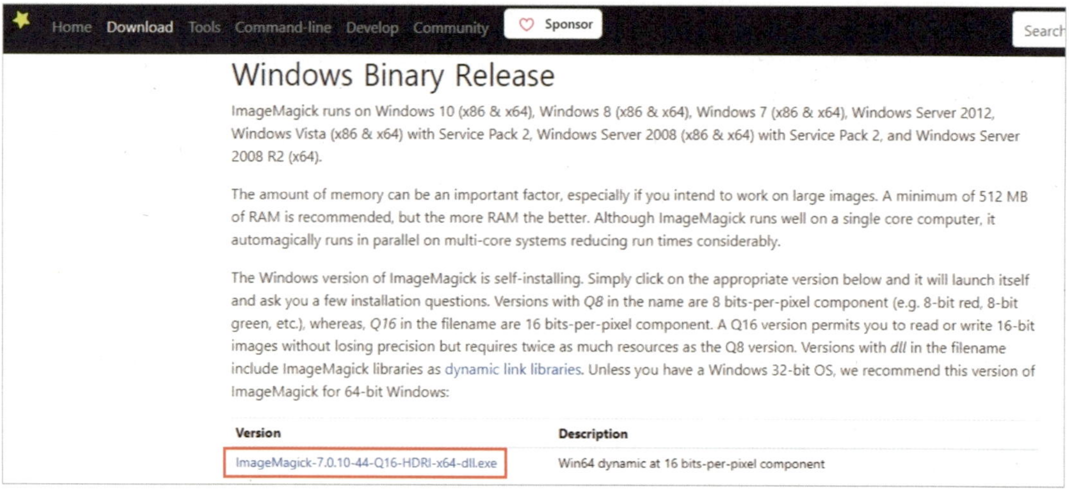

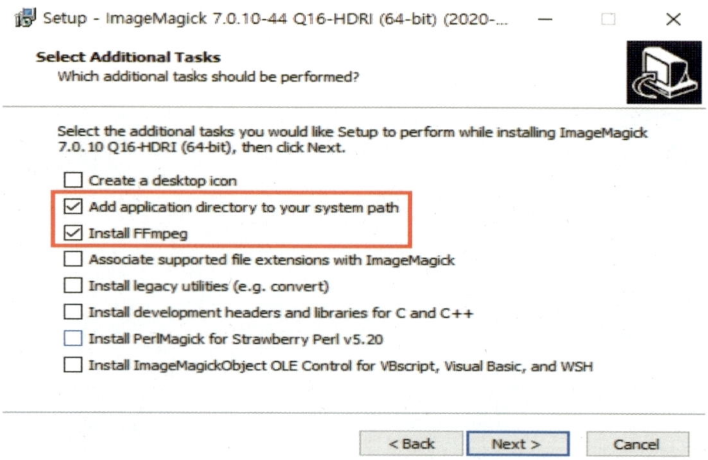

▶ ImageMagick 7.0부터 명령어 변경(convert → magick)으로 이전명령(convert) 사용을 원하면 위 체크박스의 "Install legacy utilities(e.g. convert)" 체크 후 설치하면 된다.

01 Animated gif 만들기(카운트다운)

```
setwd("D:/RScript/Ani")        # gif 저장할 디렉토리 설정

png(file="example%02d.png", width=300, height=200)  # 그림파일 지정, %2d : 2 digit number
for (i in c(10:1, "Fire~~!")) {
  plot.new()
  text(.5, .5, i, cex = 6)
}
dev.off()      # 그림파일 닫음 (device off)

system(' "C:/Program Files/ImageMagick-7.0.10-Q16-HDRI/magick.exe" -delay 80 *.png  ex.gif ') # magick.exe 위치 지정
file.remove(list.files(pattern=".png"))       # *.png 파일 삭제
```

10 9 8 7 6 . . .

Fire~~!

02 Animated gif 만들기(서로 다른 속력으로 달리는 두 대의 자동차 위치)

```
# 시속 100km 자동차, 시속 30km 자동차 ( 수식 : V = L/T, L = V*T )
png(file="example%02d.png", width=800, height=600)   # 그림파일 지정
Car1 <- rep(NA,10)    # 10개의 NA 데이터 할당
Car2 <- rep(NA,10)
for ( t in 1:10 ) {
  Car1[t] <- 100 * t      # Car1의 이동거리 : 100km/h * t
  Car2[t] <- 30 * t       # Car2의 이동거리 :  30km/h * t
  plot( Car1, col="blue", ylim=c(0,100*10+50), cex=3, xlab="Time (hour)", ylab="Distance (km)", cex.lab = 1.6, cex.axis=1.5 )
  points(Car2, col="red", ylim=c(0,100*10+50), cex=3, cex.axis=1.5) # 위의 그림과 함께 Car2의 위치를 빨간색으로 표시
  legend("topleft", legend=c("Car1 (100km/h)","Car2 (30km/h)"), fill=c("blue", "red"), cex=1.5) # legend(범례) 표시
}
dev.off() # 그림파일 닫음 (device off)
```

```
system(' "C:/Program Files/ImageMagick-7.0.10-Q16-HDRI/magick.exe" -delay 80 *.png Car.gif ') # gif 만들기
file.remove(list.files(pattern=".png"))
```

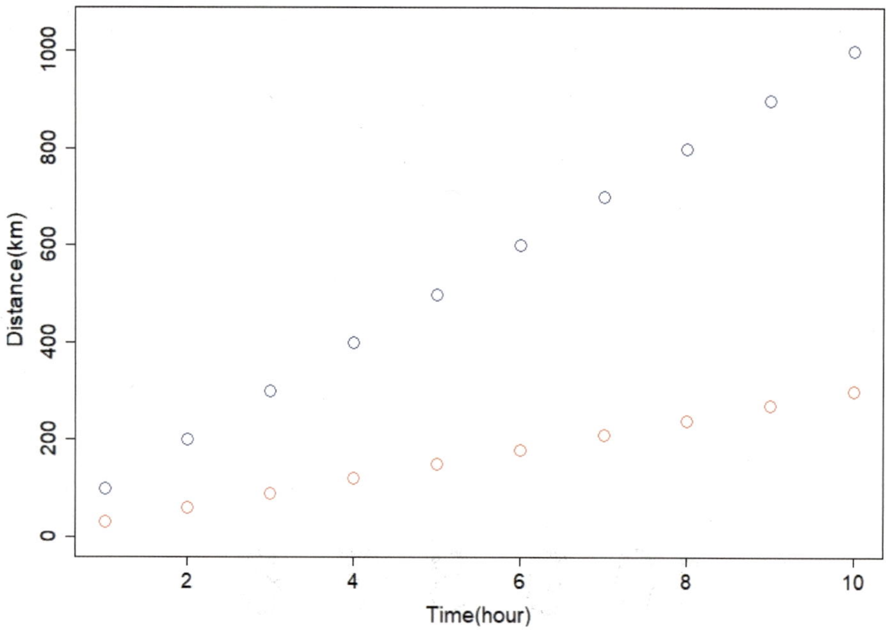

03 Play 스위치로 작동하는 animation(서로 다른 속력으로 달리는 두 대의 자동차)

```
install.packages("plotly")
library(plotly)          # plotly 함수 이용을 위해

Car1 <- rep(NA,10)
Car2 <- rep(NA,10)
for ( t in 1:10 ) {
  Car1[t] <- 100 * t      # 거리 = 속력(100km/h) * 시간
  Car2[t] <- 30 * t
}
df <- data.frame( t = c(1:10), Car1, Car2, f = c(1:10) )   # data frame 만들기

fig <- df %>%        # %>% : 명령을 연결하는 파이프 기호
  plot_ly(x = ~ t, y = ~ Car1, frame = ~f, type = 'scatter', mode = 'markers', marker=list(size=20),
    showlegend = T, name = 'Car1 (100km/h)') %>%
    layout(xaxis=list(title="Hour"), yaxis=list(title="Distance(km)"))
```

```
fig <- fig %>% add_trace(y = ~ Car2, name = 'Car2 (30km/h) ', mode = 'markers')

fig
```

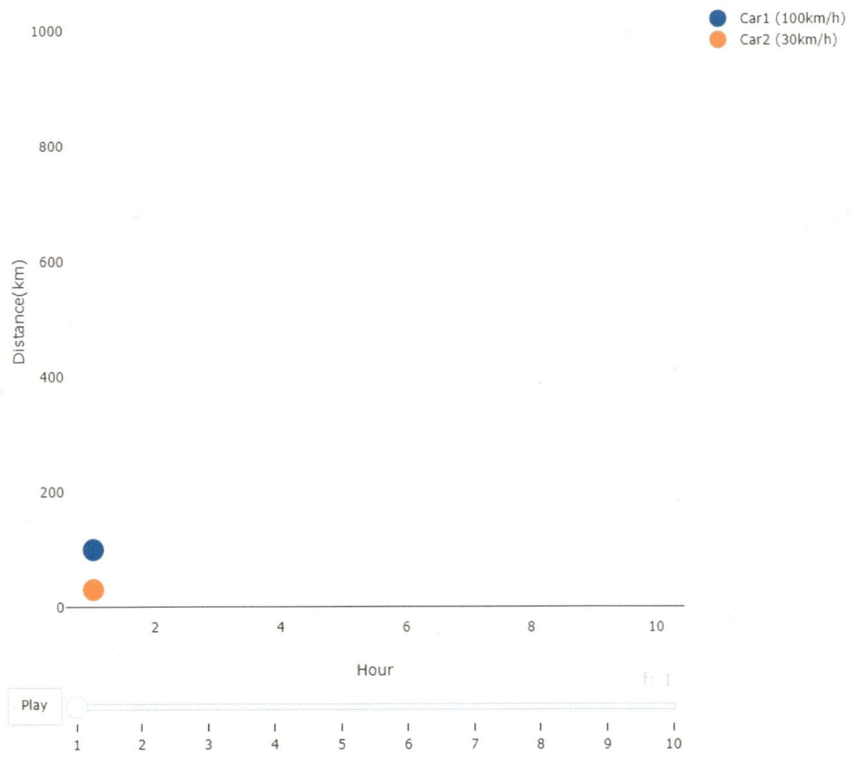

04 Animated gif 만들기(포물선 운동 방정식 이용)

```
# 포물선 운동 : x = v0 × cos(θ) × t ,   y = v0 × sin(θ)× t - 1/2 × g × t^2 : 높이

time <- seq(0, 3, by=0.1)          # 0 ~ 3 sec / 0.1 sec 간격의 시간 할당
x <- rep(NA, length(time))         # time 만큼의 NA 데이터 할당
y <- rep(NA, length(time))

v0 <- 30                           # 30m/s (이동속도)
theta <- 30*pi/180                 # 30도 (각도)
g <- 9.8

for ( t in 1:length(time) ) {      # 할당된 시간만큼 0.1 sec 간격 x, y 위치 계산
```

```
  x[t] <- v0 * cos(theta)*time[t]
  y[t] <- v0 * sin(theta)*time[t] - 1/2*g*time[t]^2
}

#--- Animation
df <- data.frame( x, y, f = c(0:30) )

fig <- df %>%
  plot_ly( x = ~ x,  y = ~ y, frame = ~f,  type = 'scatter',
    mode = 'markers', marker=list(size=20),  showlegend = T,
    name = 'Ball (100m/s), angle=30도') %>%
  layout(xaxis=list(title="Distance"), yaxis=list(title="Height"))

fig
```

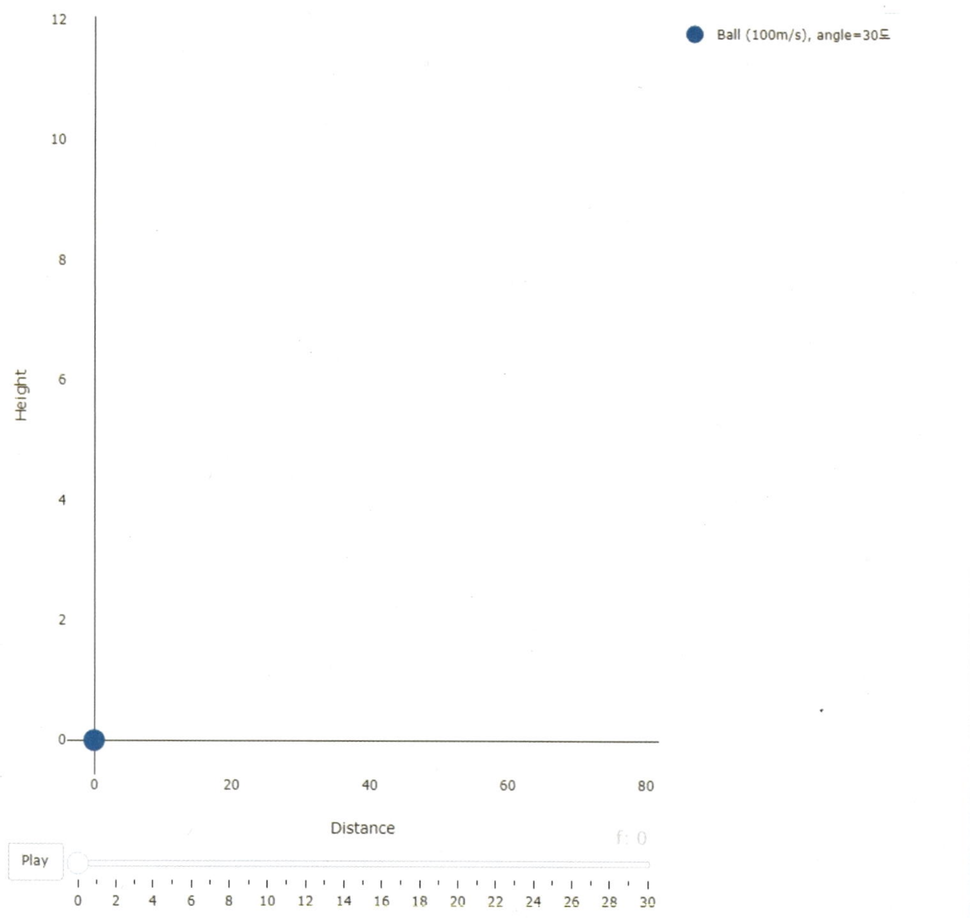

Lecture 16

해류의 서안강화 (Western Intensification) 현상 모델링

① Stommel theory(stommel, 1948)

* The westward intensification of wind-driven ocean currents(Stommel, 1948)에서 서안강화 현상을 설명한 Stommel model은 다음과 같다.

- 해양의 영역은 아래의 그림에 표시된 것과 같이 x축 범위는 0 ~ r, y축 범위는 0 ~ b, 해양은 일정한 수심(D)으르 이루어진 균일한 바다로 가정, y축은 북쪽, x축은 동쪽 방향을 의미한다.

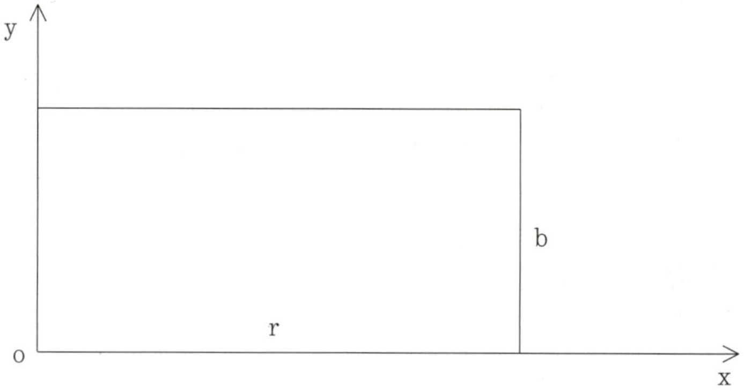

- 계산의 편의를 위해 해양의 dimension을 아래와 같이 설정한다.

- $r = 10^9$cm = 10,000km, $b = 2\pi \times 10^8$cm = 6249km
- $D = 2 \times 10^4$cm = 200m
- R = 0.02(friction coefficient), F=0.1(max. wind stress, dyne/cm^2)

- 문제해결을 위해 사용된 수식은 아래와 같다.

$$\alpha = (D/R)(\partial f/\partial y),\ \gamma = F\pi/Rb$$

$$A_j = -\alpha/2 + \sqrt{\alpha^2/4 + n_j^2},\ B_j = -\alpha/2 + \sqrt{\alpha^2/4 + n_j^2}$$

↳ Cal_1 Cal_2 Cal_3로 구분하여 계산(R code 내에서)

$$\psi = \gamma(b/\pi)^2 \sin(\pi y/b)[pe^{Ax} + qe^{Bx} - 1]$$

$$p = (1 - e^{B\lambda})/(e^{A\lambda} - e^{B\lambda}),\ q = 1 - p$$

⇨ R programming을 이용하여 위 식을 계산하여 그림으로 나타내보자.

▶ Stommel Theory #1 : 서안강화 현상이 없는 경우(coriolis freq. f 변화 = 0)

```
# Stommel Theory : Figure 1 (No western intensification)

D=200  ;  b=6249000 ;  r=10000000  ;   R=0.02  ;  F=0.1

y <- seq(0, b, by=100000)
x <- seq(0, r, by=100000)

Gamma <- (F*pi)/(R*b)

a <- 0                # alpha (α) 대신 "a"로 사용. a=0인 경우 : f 변화가 없음(non-rotating ocean)

Psi <- matrix(data = NA, nrow = 63, ncol = 101, byrow=F, dimnames = NULL)

for (i in 1:101) {
   for (j in 1:63) {

  CAL_1 <- Gamma * ((b/pi)^2)
  CAL_2 <- sin(pi*y[j]/b)
  nj <- pi/b

  Aj <- -a/2 + sqrt(a^2/4+(nj)^2)
  Bj <- -a/2 - (sqrt(a^2/4+(nj)^2) )

  p <- (1-exp(Bj*r))/(exp(Aj*r)-exp(Bj*r))
  q <- 1-p

  CAL_3 <- ( p *exp(Aj*x[i]) + q *exp(Bj*x[i]) -1 )

  Psi[j,i] <- -1*CAL_1 * CAL_2 * CAL_3

   }
}

# --- Filled Contour
x1 <- c(1:nrow(Psi)) ; y1 <- c(1:ncol(Psi))

Psi_t <- t(Psi)        # y축 방향 상하 반전

filled.contour(x=y1, y=x1, z=Psi_t,
          color.palette = topo.colors,      # Color option : rainbow, heat.colors, topo.colors, cm.colors
          plot.title = title(main = "Stommel Theory (Streamlines for the linear Coriolis force)",
                    xlab = "Length", ylab = "Latitude", cex.lab=1.5 ) )
```

▶ Stommel Theory #2 : 서안강화 현상이 있을 때(위도별 f 변화 존재)

```
# Stommel Theory : Figure 2 (western intensification)

D=200  ;  b=6249000 ;  r=10000000  ;   R=0.02  ;  F=0.1

y <- seq(0, b, by=100000)
x <- seq(0, r, by=100000)

Gamma <- (F*pi)/(R*b)

a <- D/R*10^-9            # alpha (α) 대신 "a"로 사용. 계산 편의상 Original value (∂f / ∂y = 10^-13)보다 큰 값 사용)

Psi <- matrix(data = NA, nrow = 63, ncol = 101, byrow=F, dimnames = NULL)

for (i in 1:101) {
    for (j in 1:63) {

  CAL_1 <- Gamma * ((b/pi)^2)
  CAL_2 <- sin(pi*y[j]/b)
  nj <- pi/b

  Aj <- -a/2 + sqrt(a^2/4+(nj)^2)
  Bj <- -a/2 - (sqrt(a^2/4+(nj)^2) )

  p <- (1-exp(Bj*r))/(exp(Aj*r)-exp(Bj*r))
  q <- 1-p

  CAL_3 <- ( p *exp(Aj*x[i]) + q *exp(Bj*x[i]) -1 )

  Psi[j,i] <- -1*CAL_1 * CAL_2 * CAL_3

   }
}

# ---- Filled Contour
x1 <- c(1:nrow(Psi)) ; y1 <- c(1:ncol(Psi))

Psi_t <- t(Psi)          # y축 방향 상하 반전

filled.contour(x=y1, y=x1, z=Psi_t,
               color.palette = topo.colors,
               plot.title = title(main = "Stommel Theory (Streamlines for the linear Coriolis force)",
                           xlab = "Length", ylab = "Latitude", cex.lab=1.5 ) )
```

▶ 결과

Figure 1 : No Western Intensification(위도별 f 변화 = 0인 경우)

* 동쪽과 서쪽 경계에서 Streamline 분포가 동일하게 나타남

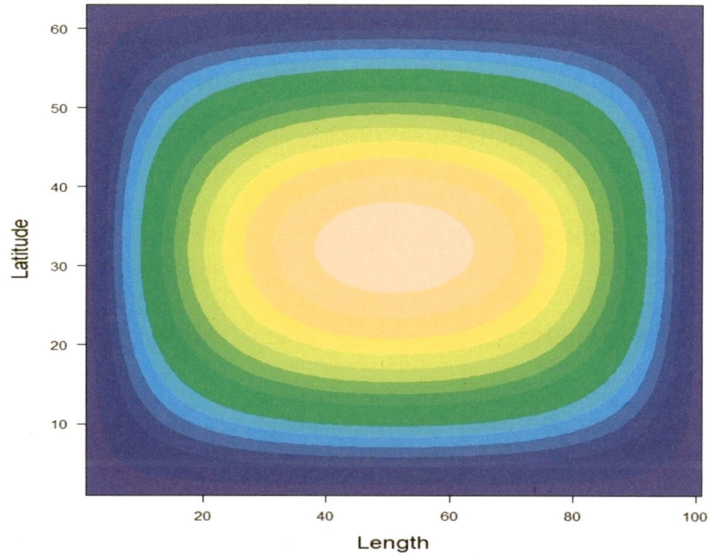

Figure 2 : Western Intensification(위도에 따라 f가 변하는 경우)

* Streamline이 해양의 서쪽 경계에서 밀집된 형태로 나타남

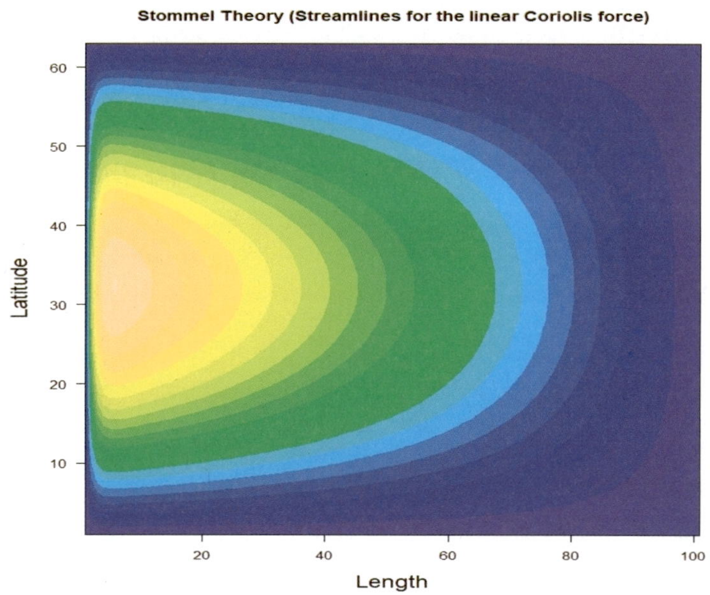

② Munk Theory

* On the wind-driven ocean circulation(Munk, 1950)에서 서안강화 현상을 설명한 Munk model은 다음과 같다.

- Stommel's model에서는 해양이 균일하고 current는 바닥까지 동일하다는 가정을 하였다. 그리고 bottom을 따라 임의의 frictional force(friction coefficient : R=0.02)를 주었다.
- 해양이 균일하고 current가 bottom까지 동일하다는 가정은 실제 관측 결과와 일치하지 않는 부분이다.
- 따라서 Munk는 Sverdrup의 integrated mass transport를 사용하였으며, 수심이 매우 깊은 곳에는 current가 거의 존재하지 않을 것이므로 dissipative force로 lateral friction(Eddy viscosity)을 이용하였고, Wind는 간단한 sinusoidal 분포 대신에 관측된 Wind 분포를 사용하였다.
- 즉, Stommel은 friction을 전 영역에 대해 매우 크게 부여함으로써 억지로 맞추고자 하는 경향이 있었으나, Munk는 Lateral한 friction(Eddy viscosity)을 부여하였고, 실제 관측된 Wind의 분포 형태를 사용한 것이 상호 대비되는 부분이라 하겠다.
- 계산의 편의를 위해 해양의 dimension을 아래와 같이 설정하였다.

• 사각형의 해양을 가정(x = 0 ~ r, y = 0 ~ b)
• $\beta = \partial f / \partial y = 10^{-13}$
• r = 6000km, $k = \sqrt[3]{\beta/A} = 0.016\text{km}^{-1}$(Coriolis-friction wavenumber)

- Munk's theory에서 궁극적으로 구하고자 하는 최종 해는 아래와 같다.

$$\psi = rX\beta^{-1}\frac{\partial \tau_x}{\partial y}$$

Where

$$X = -Be^{-(1/2)kx}\cos\left(\frac{\sqrt{3}}{2}kx + \frac{\sqrt{3}}{2kr} - \frac{\pi}{6}\right) + 1 - \frac{1}{kr}(kx - e^{-k(r-x)} - 1)$$

Where

$$B = \frac{2}{\sqrt{3}} - \sqrt{\frac{3}{kr}} \text{ and } k = \sqrt[3]{\frac{\beta}{A}}$$

⇨ R programming을 이용하여 임의의 영역 설정 및 wind stress의 변화를 주어 위 식을 계산하여 그림으로 나타내보자.

단, 여기서 제시하는 결과는 정확한 scale을 적용하지 않았고, 이해를 돕고자 하는 차원이므로 결과의 전반적인 형태만 참고하기 바란다.

```
# Munk Theory

r=10000 ;  b=600                      #  r과 b는 계산 편의상 10000, 600으로 임의선정

beta=10^-13                           # 위도에 따른 coriolis parameter 변화 ∂f / ∂y = 10^-13
y=c(0:b) ;  x=c(0:r) ;  k=0.016
B=(2/sqrt(3) - sqrt(3)/(k*r))

# 변수별 NA matrix 만들기
Psi <- matrix(data = NA, nrow = length(c(1:b)), ncol = length(c(1:r)), byrow=F, dimnames = NULL)
X <- matrix(data=NA, nrow= length(c(1:r)), ncol=1, dimnames = NULL)
tau <- matrix(data=NA, nrow=length(c(1:b)), ncol=1, dimnames = NULL)

# 임의의 영역으로 분할한 위도별 wind stress 변화 계산
for (i in 1:r) {

 for (j in 1:b) {                     # Affeced by Wind : tau → wind stress

  if (j>=1 && j< 150) {
    tau[j]=10^-11*sin(90*j/150*pi/180)      # y축 범위(0 ~ b=600)를 4개로 분할하여 wind stress 변화 계산
  } else if (j>=150 && j< 300) {
    tau[j]=10^-11*sin(90*j/150*pi/180)
  } else if (j>=300 && j< 450) {
    tau[j]=10^-11*sin(90*j/150*pi/180)      # increase

  } else {
    tau[j] = 10^-11*sin(90*j/150*pi/180)
  }

X[i] <- -B*exp((-1/2)*k*x[i])*cos(sqrt(3)/2*k*x[i] + sqrt(3)/(2*k*r)-pi/6)+1  +
        -1/(k*r)* (k*x[i] - exp(-k*(r-x[i]))) -1)
Psi[j,i] <- X[i] * r * (1/beta) * tau[j]
}
}

Psi_t <- -1*t(Psi)   # transpose of Psi
```

```
# Figure 1 : 결과 그림(filled contour)
filled.contour(x=c(1:nrow(Psi_t)), y=c(1:ncol(Psi_t)), z=Psi_t,    # rainbow, heat.colors, topo.colors, cm.colors
            color.palette = topo.colors,
            plot.title = title(main = "Munk Theory", xlab = "Length", ylab = "Latitude", cex.lab=1.5 ) )

# Figure 2 : 결과 그림(plot)
par(mfrow=c(2,1))
plot(X)

xmax <- b-1
plot(c(0:xmax), -1*tau)
```

▶ 결과

Figure 1 : 서안강화 현상이 남, 북으로 상호 반대로 잘 나타남

＊Streamline이 해양의 서쪽 경계에서 밀집된 형태로 나타나며, 북반구와 남반구에서 상호 반대의 흐름이 나타남을 확인 가능(임의의 Latitude 축의 가운데 300을 기준으로)

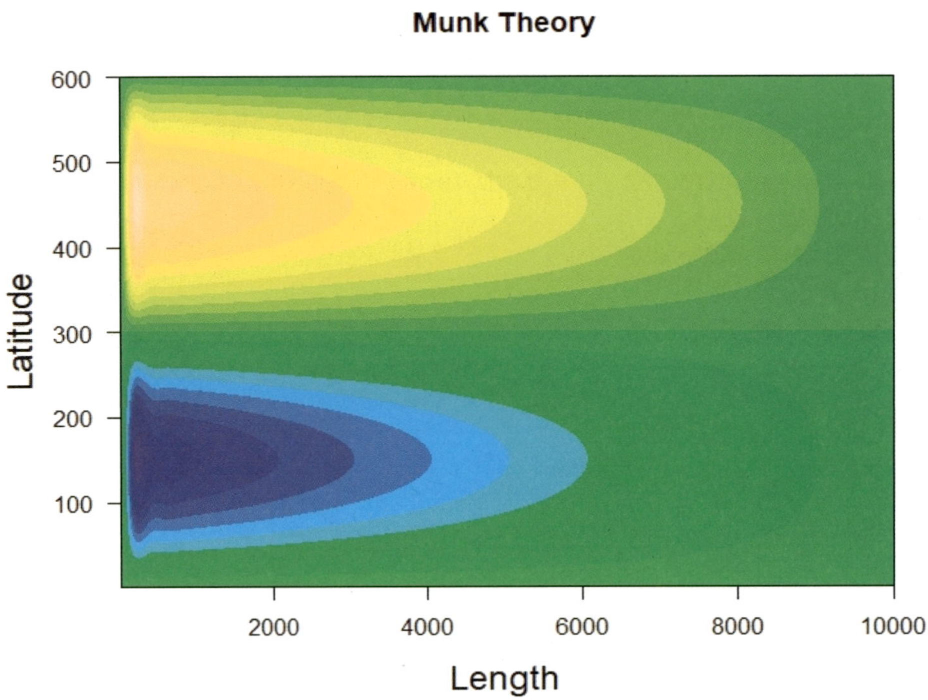

Figure 2(a) : 위의 결과와 같이 흐름의 강도가 서쪽에서 강하고 동쪽에서 약해지는 형태가 잘 나타남

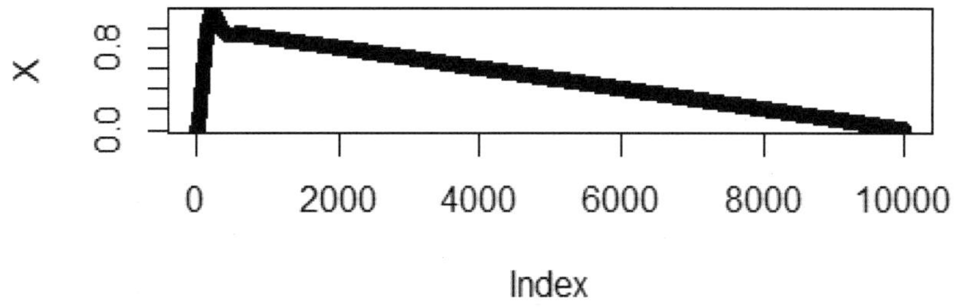

Figure 2(b) : 위도별(0 ~ 600) Wind stress 크기의 변화를 나타낸 그림

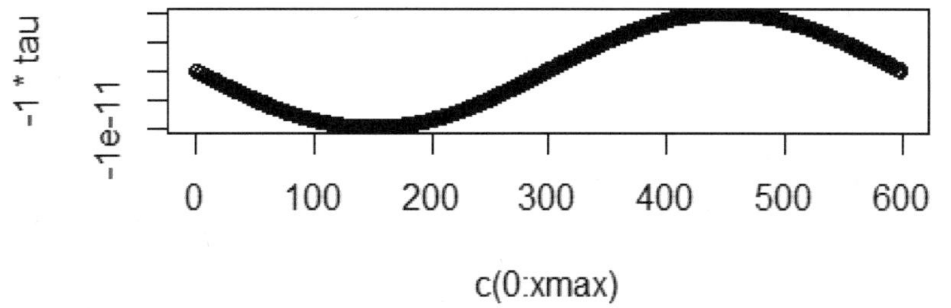

Lecture **17**

고급 그래픽 (ggplot2) 활용

▶ 코딩에 점점 익숙해지고 여러 그래프를 그리다 보면 좀 더 세련된 형태로 시각화해 보고 싶은 욕심이 생기기 마련이다. 따라서 여기서는 그러한 욕구를 해결하기에 적합한 ggplot2 활용 방법에 대해 다루도록 하겠다.

▶ ggplot2 패키지에서는 덧셈기호(+)를 이용하여 각종 그래프 생성 함수들을 연결하는 방식을 사용한다.

▶ 본격적인 ggplot2 활용을 위해 여기서는 ggplot2에서 제공하는 mpg 데이터셋을 이용하여 여러 형태의 그래프를 차례로 그려보기로 한다. 여기서 다루는 방법을 앞서 다루었던 해양 데이터 등 각종 자료 시각화에 적용한다면 보다 세련된 형태의 그래프를 그려볼 수 있을 것이다.

▶ mpg 데이터는 1999년과 2008년에 미국 환경보호청(EPA, Environmental Protection Agency)에서 조사하여 발표한 자동차 주요 모델별 연비 데이터이다.

```
mpg
```

```
# A tibble: 234 x 11
   manufacturer model      displ  year   cyl trans      drv     cty   hwy  fl    class
   <chr>        <chr>      <dbl> <int> <int> <chr>      <chr> <int> <int> <chr> <chr>
 1 audi         a4           1.8  1999     4 auto(l5)   f        18    29 p     compact
 2 audi         a4           1.8  1999     4 manual(m5) f        21    29 p     compact
 3 audi         a4           2    2008     4 manual(m6) f        20    31 p     compact
 4 audi         a4           2    2008     4 auto(av)   f        21    30 p     compact
 5 audi         a4           2.8  1999     6 auto(l5)   f        16    26 p     compact
 6 audi         a4           2.8  1999     6 manual(m5) f        18    26 p     compact
 7 audi         a4           3.1  2008     6 auto(av)   f        18    27 p     compact
 8 audi         a4 quattro   1.8  1999     4 manual(m5) 4        18    26 p     compact
 9 audi         a4 quattro   1.8  1999     4 auto(l5)   4        16    25 p     compact
10 audi         a4 quattro   2    2008     4 manual(m6) 4        20    28 p     compact
# ... with 224 more rows
```

01 mpg 데이터는 아래와 같이 순서대로 제조사, 모델, 엔진 배기량, 제조연도, 실린더 수, 트랜스미션, 구동방식, 갤런당 도심 주행거리, 갤런당 고속도로 주행거리, 연료형태, 차량종류를 나타낸다.

```
str(mpg)
```

```
tibble [234 x 11] (S3: tbl_df/tbl/data.frame)
 $ manufacturer: chr [1:234] "audi" "audi" "audi" "audi" ...
 $ model       : chr [1:234] "a4" "a4" "a4" "a4" ...
 $ displ       : num [1:234] 1.8 1.8 2 2 2.8 2.8 3.1 1.8 1.8 2 ...
 $ year        : int [1:234] 1999 1999 2008 2008 1999 1999 2008 1999 1999 2008 ...
 $ cyl         : int [1:234] 4 4 4 4 6 6 6 4 4 4 ...
 $ trans       : chr [1:234] "auto(l5)" "manual(m5)" "manual(m6)" "auto(av)" ...
 $ drv         : chr [1:234] "f" "f" "f" "f" ...
 $ cty         : int [1:234] 18 21 20 21 16 18 18 18 16 20 ...
 $ hwy         : int [1:234] 29 29 31 30 26 26 27 26 25 28 ...
 $ fl          : chr [1:234] "p" "p" "p" "p" ...
 $ class       : chr [1:234] "compact" "compact" "compact" "compact" ...
```

02 그럼 먼저 배기량(displ)과 도심 주행거리(cty)를 각각 x축과 y축으로 하는 산점도 그래프를 그려보자. **geom_point()** 함수는 산점도를 그려주며, 덧셈기호(+)를 이용하여 각종 그래프 생성 함수를 연결한다.

```
ggplot() +
  geom_point(data=mpg, mapping=aes(x=displ, y=cty))
```

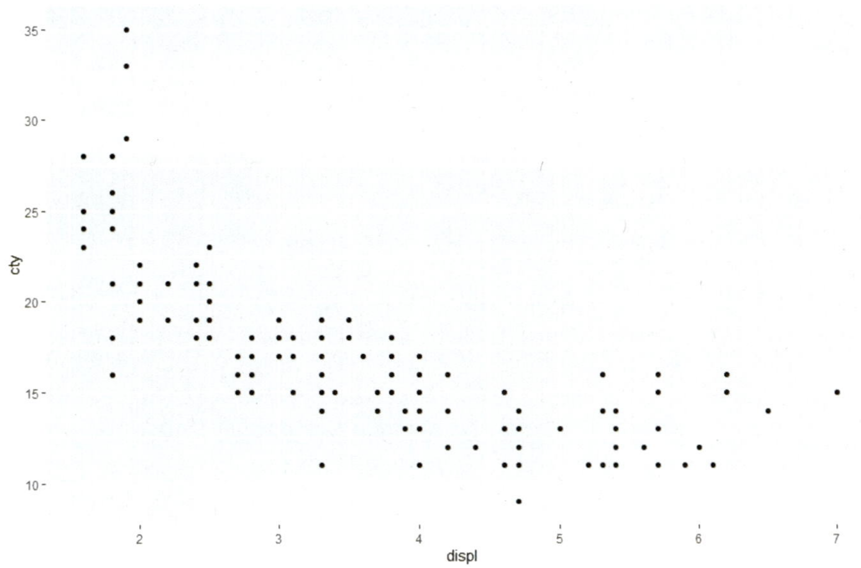

03 다음으로 차량종류(class)별로 색상을 달리하고 범례에 표시하는 방법을 알아보자. geom_point 함수에 color=class를 추가해주면 아래와 같이 원하는 그림이 생성된다.

```
ggplot() +
  geom_point(data=mpg, mapping=aes(x=displ, y=cty, color=class))
```

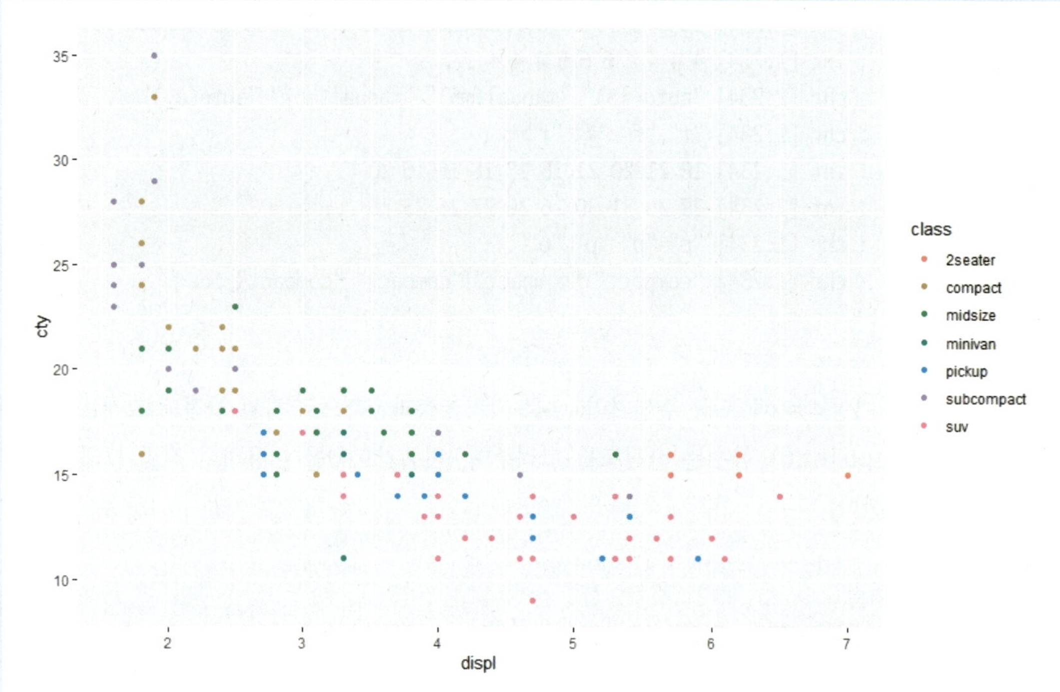

04 산점도를 흑백의 진하기로 구분하려면 alpha=cty를 추가해주면 된다.

```
ggplot() +
  geom_point(data=mpg, mapping=aes(x=displ, y=cty, alpha=cty))
```

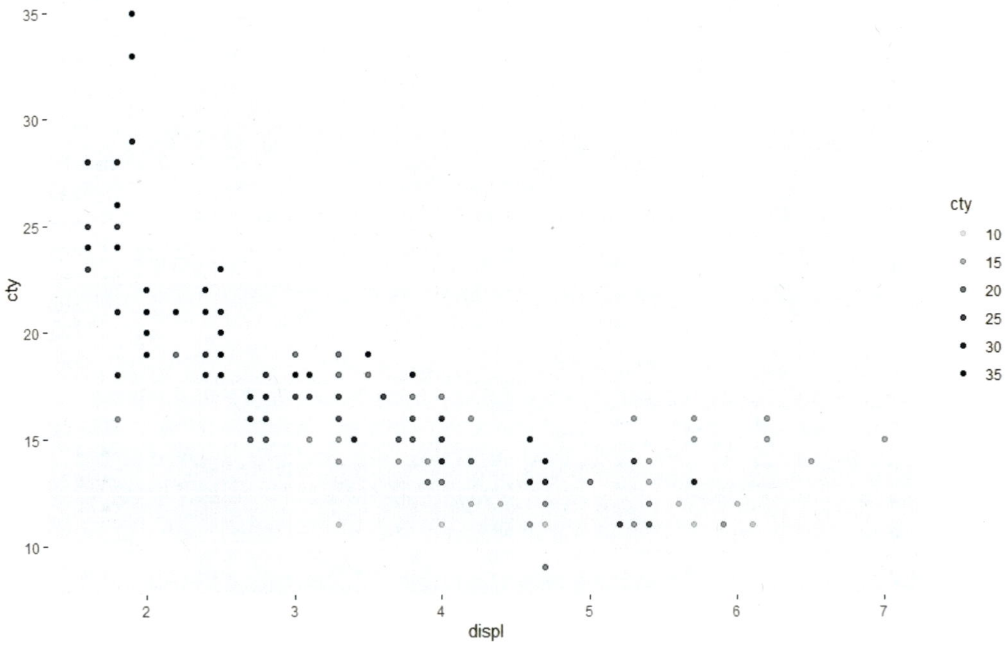

05 차량종류(class)별로 색상을 달리한 그래프에서 구동방식(drv)에 따라 모양을 다르게 그리려면 shape=drv를 추가하면 된다.

```
ggplot() +
  geom_point(data=mpg, mapping=aes(x=displ, y=cty, color=class, shape=drv))
```

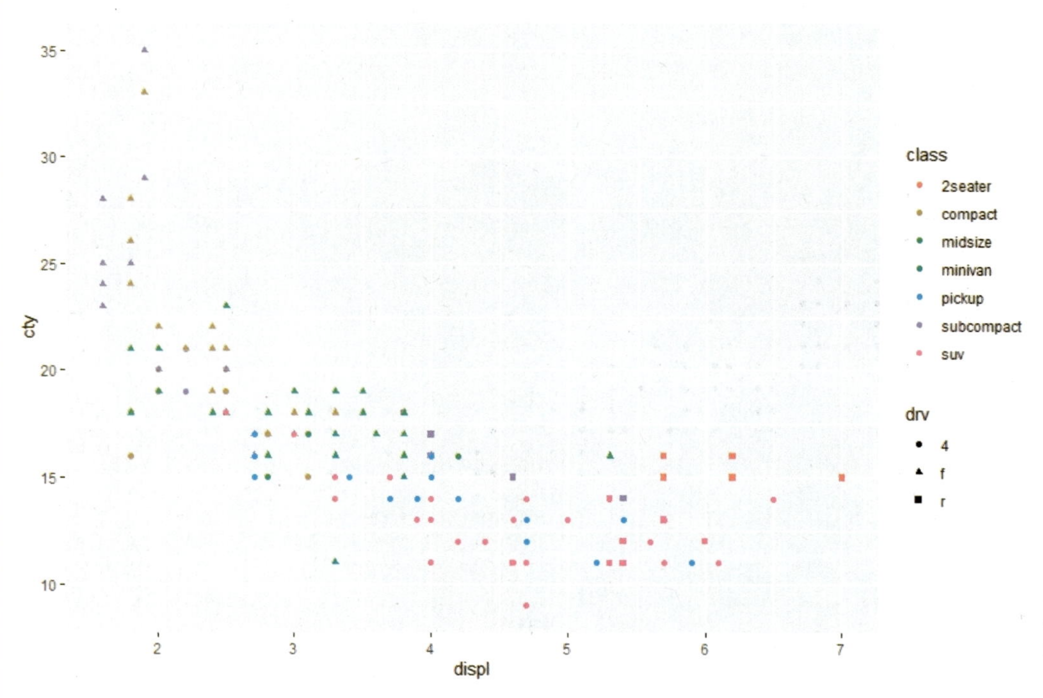

06 산점도를 표현한 그림에서 색깔만 파란색으로 표시하려면 color="blue"를 추가한다.

```
ggplot() +
  geom_point(data=mpg, mapping=aes(x=displ, y=cty), color="blue")
```

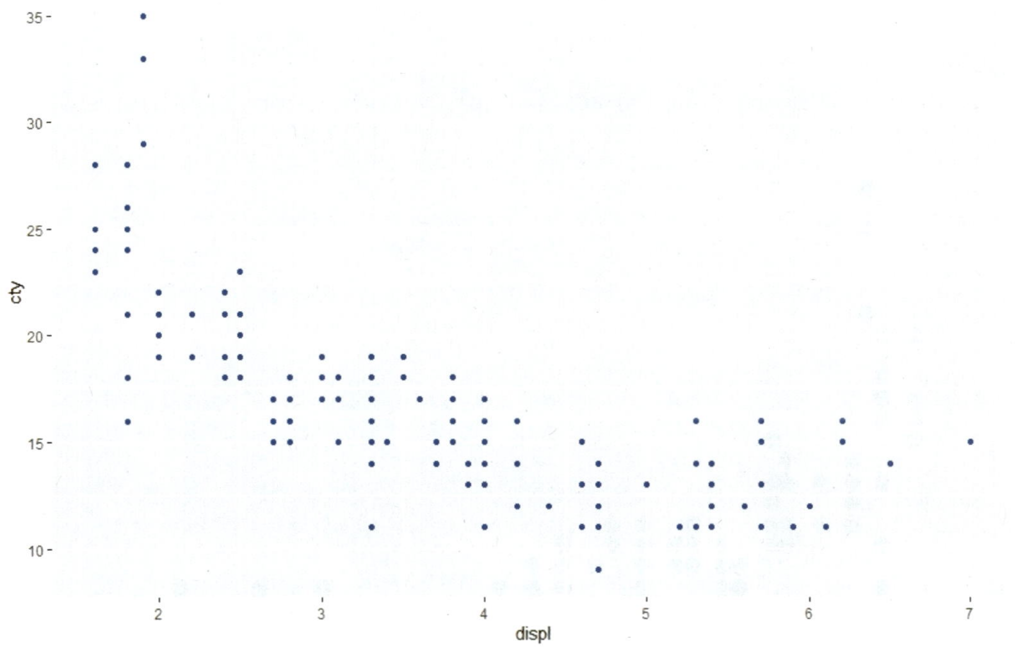

07 여러 가지 색상의 명칭을 알고 싶다면 아래와 같이 colors() 함수를 실행해보면 확인이 가능하다.

```
colors()
```

```
 [1] "white"          "aliceblue"      "antiquewhite"   "antiquewhite1"  "antiquewhite2"
 [6] "antiquewhite3"  "antiquewhite4"  "aquamarine"     "aquamarine1"    "aquamarine2"
[11] "aquamarine3"    "aquamarine4"    "azure"          "azure1"         "azure2"
[16] "azure3"         "azure4"         "beige"          "bisque"         "bisque1
[21] "bisque2"        "bisque3"        "bisque4"        "black"          "blanchedalmond"
[26] "blue"           "blue1"          "blue2"          "blue3"          "blue4"
[31] "blueviolet"     "brown"          "brown1"         "brown2"         "brown3"
[36] "brown4"         "burlywood"      "burlywood1"     "burlywood2"     "burlywood3"
[41] "burlywood4"     "cadetblue"      "cadetblue1"     "cadetblue2"     "cadetblue3"
```

```
[46] "cadetblue4"    "chartreuse"    "chartreuse1"    "chartreuse2"    "chartreuse3"
[51] "chartreuse4"   "chocolate"     "chocolate1"     "chocolate2"     "chocolate3"
```

▶ 산점도 크기변경 : 산점도의 크기를 변경하려면 mm 단위로 size= 옵션을 조정해주면 된다.

```
ggplot() +
  geom_point(data=mpg, mapping=aes(x=displ, y=cty), color="blue", size=5)
```

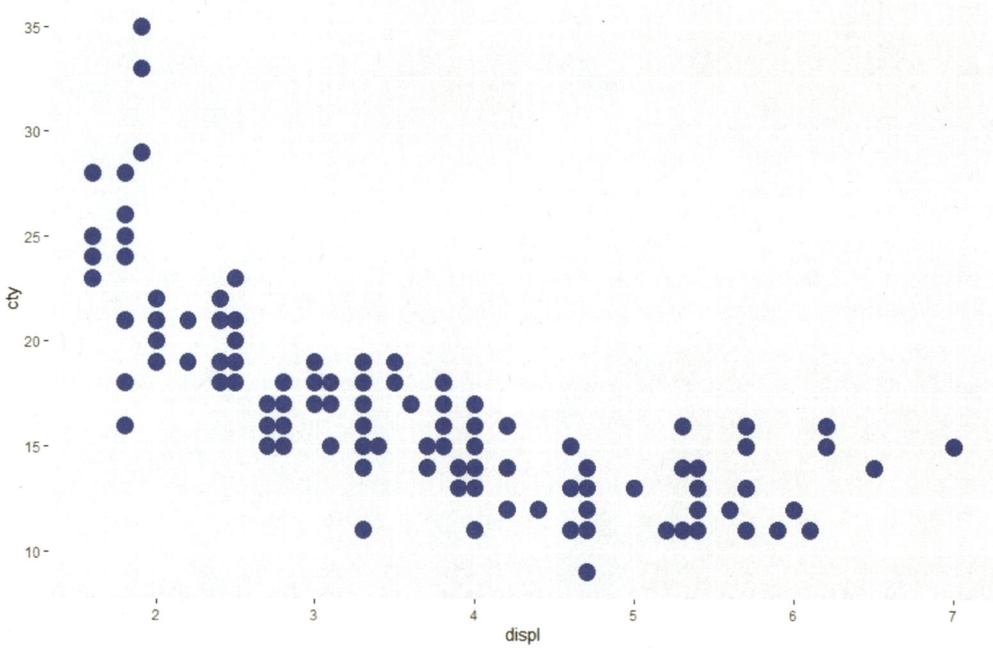

▶ 선 연결 그래프 그리기 : 이제는 산점도가 아닌 선을 그려보도록 하자. geom_line() 함수를 이용하면 x축의 좌표값이 작은 것에서부터 큰 순으로 선을 연결하여 그린다.

```
ggplot() +
  geom_line(data=mpg, mapping=aes(x=displ, y=cty), color="blue")
```

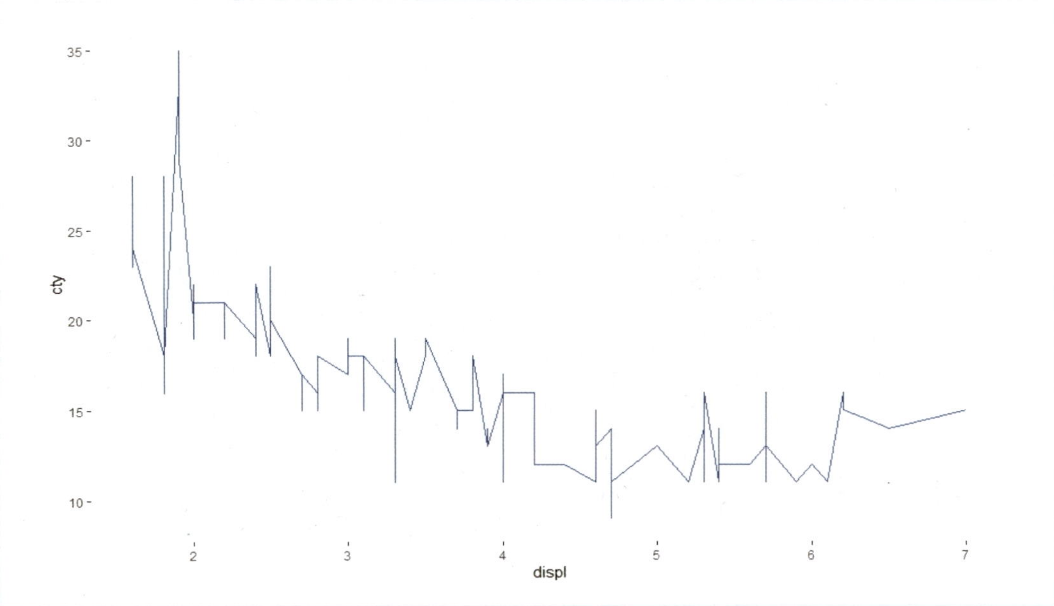

▶ 선 스타일 변경 : 선 스타일을 바꿀 때는 linetype=숫자(0 ~ 6) 형태로 옵션을 조정해주면 된다. linetype의 여러 스타일은 도움말(? linetype)에서 확인 가능하다.

```
ggplot() +
  geom_line(data=mpg, mapping=aes(x=displ, y=cty), color="blue", linetype=2)
```

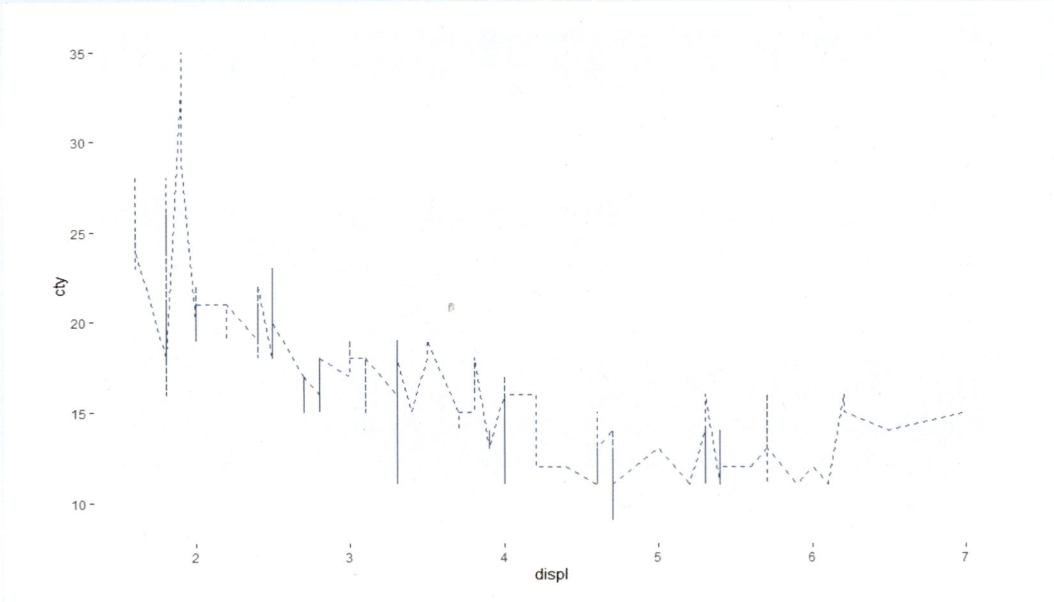

▶ 회귀선 추가 : geom_smooth() 함수를 이용하여 회귀선을 추가할 수 있다. 음영으로 표시된 부분은 95% 신뢰구간을 나타낸다. 여기서는 기본적으로 국소 회귀분석(loess) 방식을 채택하므로 직선이 아닌 곡선 형태의 회귀선이 표현된다.

```
ggplot() +
  geom_point(data=mpg, mapping=aes(x=displ, y=cty)) +
  geom_smooth(data=mpg, mapping=aes(x=displ, y=cty), color="red")
```

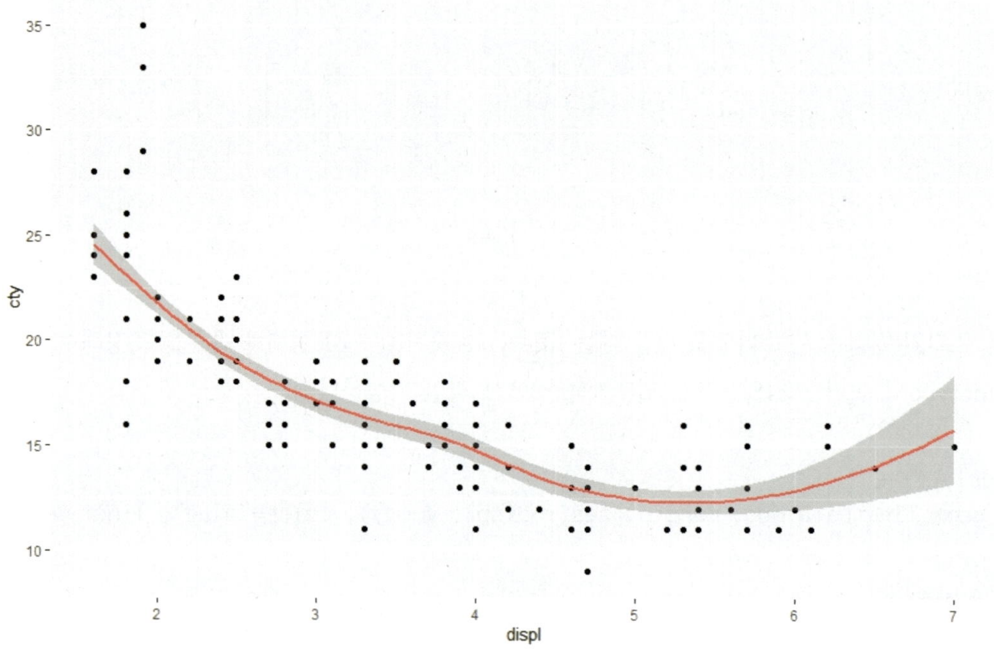

▶ 선형회귀선 추가 : 선형회귀분석을 통한 직선 형태의 회귀선이 필요하다면 method 속성을 "lm"으로 변경하면 된다.

```
geom_smooth(data=mpg, mapping=aes(x=displ, y=cty), color="red", method="lm")
```

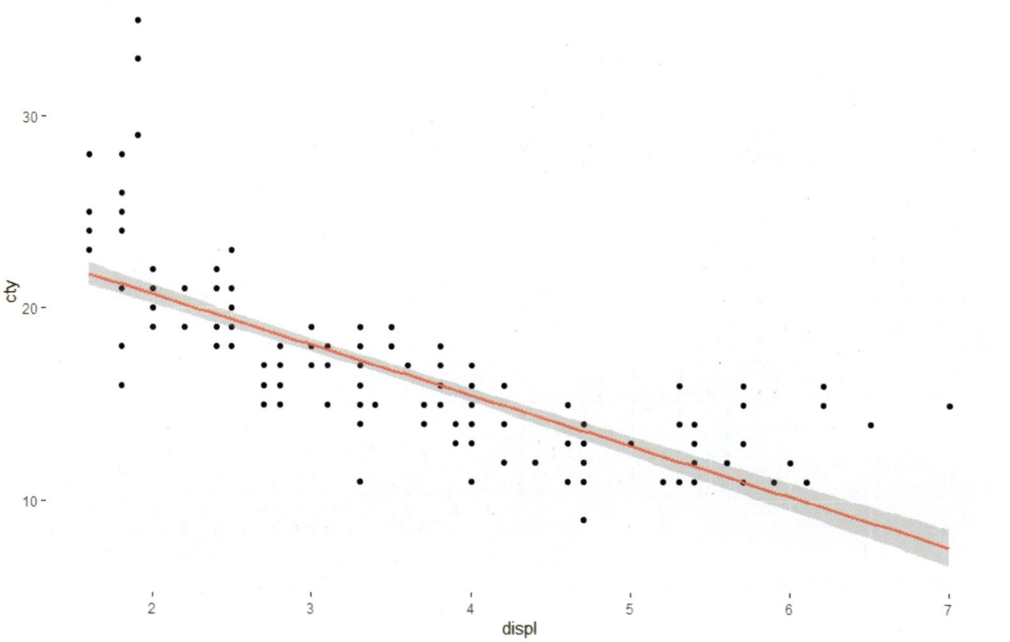

▶ Text 추가 : 그래프 내에 글자를 추가하려면 geom_text() + annotate() 함수를 이용하면 되는데, x, y값 5, 25 위치에 글자 크기는 8로, 색깔은 빨간색으로 "Regression line"을 표시하면 아래와 같다.

```
geom_text() + annotate("text", label="Regression line", x=5, y=25, size=8, color="red")
```

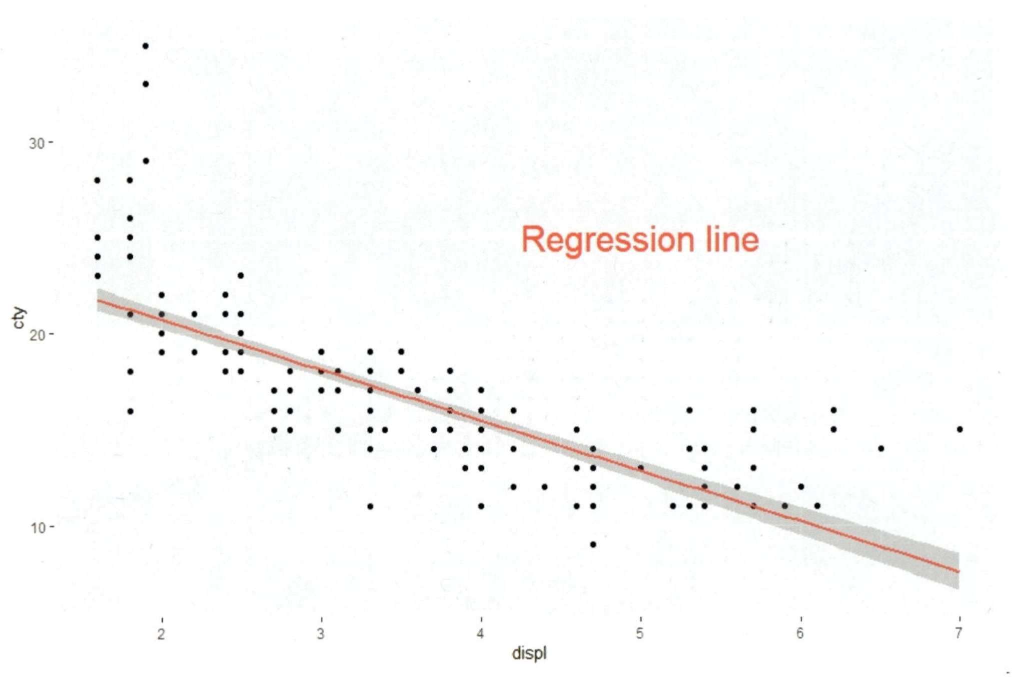

▶ 산점도 모양변경 : 산점도의 모양을 바꾸려면 shape=숫자 형태로 옵션을 조정한다. 여러 가지 도형의 종류는 **points()** 함수의 도움말(? points)을 참조하기 바란다.

```
ggplot() +
  geom_point(data=mpg, mapping=aes(x=displ, y=cty), shape=3) +
  geom_smooth(data=mpg, mapping=aes(x=displ, y=cty), color="red")
```

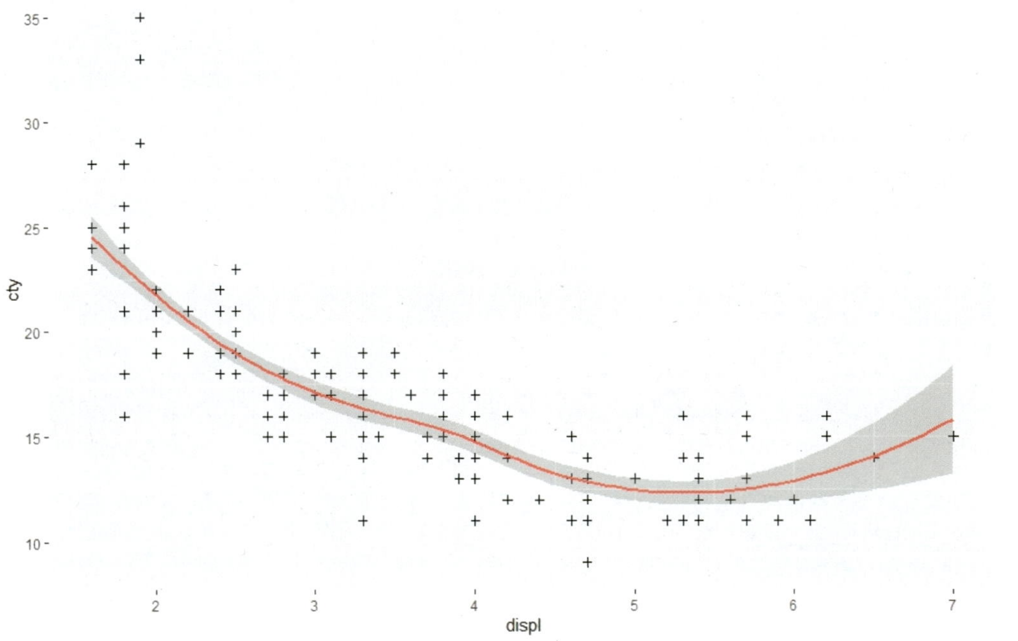

▶ 제목, label 변경 : 제목과 x, y축 label을 변경하고 싶다면 `labs()` 함수를 이용한다.

```
ggplot() +
  geom_point(data=mpg, mapping=aes(x=displ, y=cty), shape=3) +
  geom_smooth(data=mpg, mapping=aes(x=displ, y=cty), color="red") +
  labs(title="배기량 vs. 시내 연비", x="배기량 (liter)", y="연비 (miles/gallon)")
```

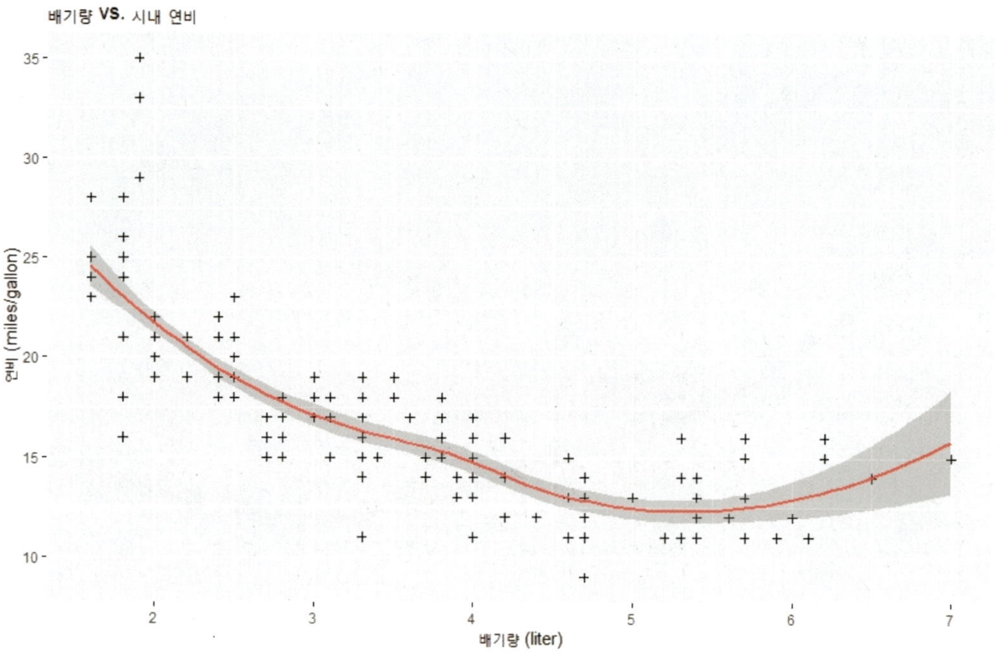

▶ 범례의 label 변경 : `labs()` 함수를 이용하여 아래와 같이 조정하면 된다.

```
ggplot() +
  geom_point(data=mpg, mapping=aes(x=displ, y=cty, color=class, shape=drv)) +
  labs(color="차량종류", shape="구동방식")
```

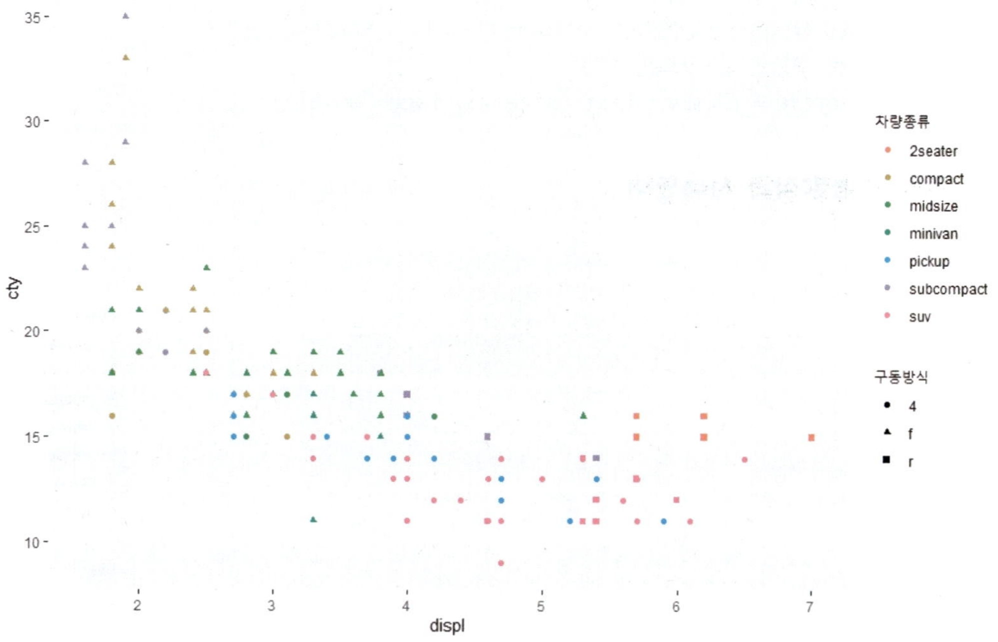

▶ 그래프 제목 추가 : 그래프 제목은 `labs()` 대신 `ggtitle()`을 이용해도 된다. 제목의 크기와 진하기를 조정하려면 **theme()** 함수를 사용한다. theme 사용법은 도움말(? theme)을 참조하기 바란다.

```
ggplot() +
  geom_point(data=mpg, mapping=aes(x=displ, y=cty, color=class, shape=drv)) +
  labs(x="구동방식", y="시내연비", color="차량종류", shape="구동방식") +
  ggtitle("차량 구동방식과 시내연비") +
  theme(plot.title = element_text (size=25, face="bold"))
```

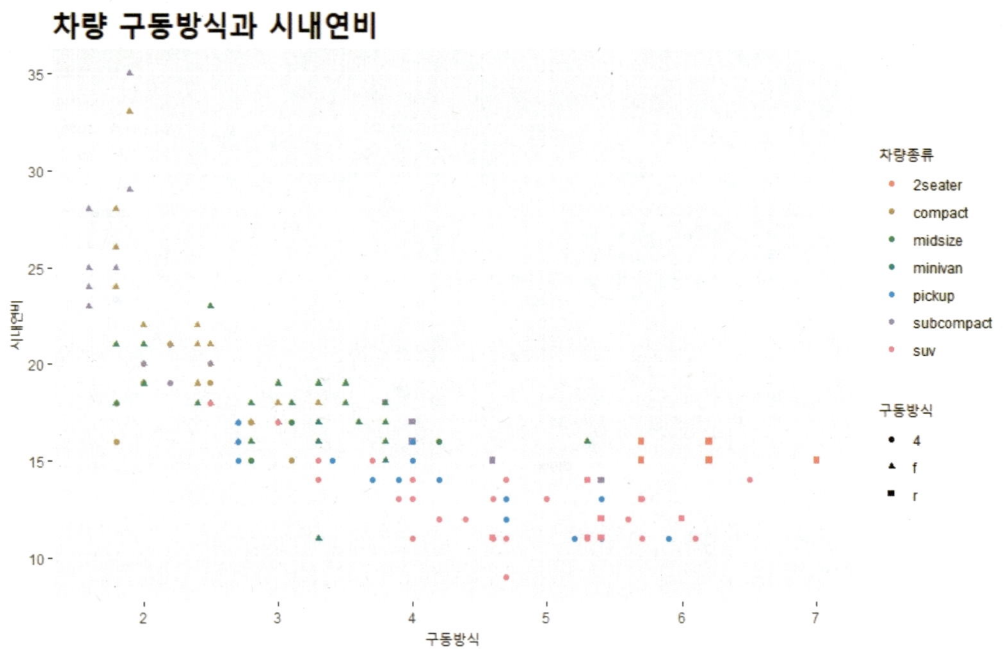

▶ 글자크기 조정 : x, y축의 글자와 label도 아래와 같이 `theme()` 함수를 추가하여 조정할 수 있다.

```
theme(axis.text = element_text(size=15))+
theme(axis.title = element_text(size=18, face="bold"))
```

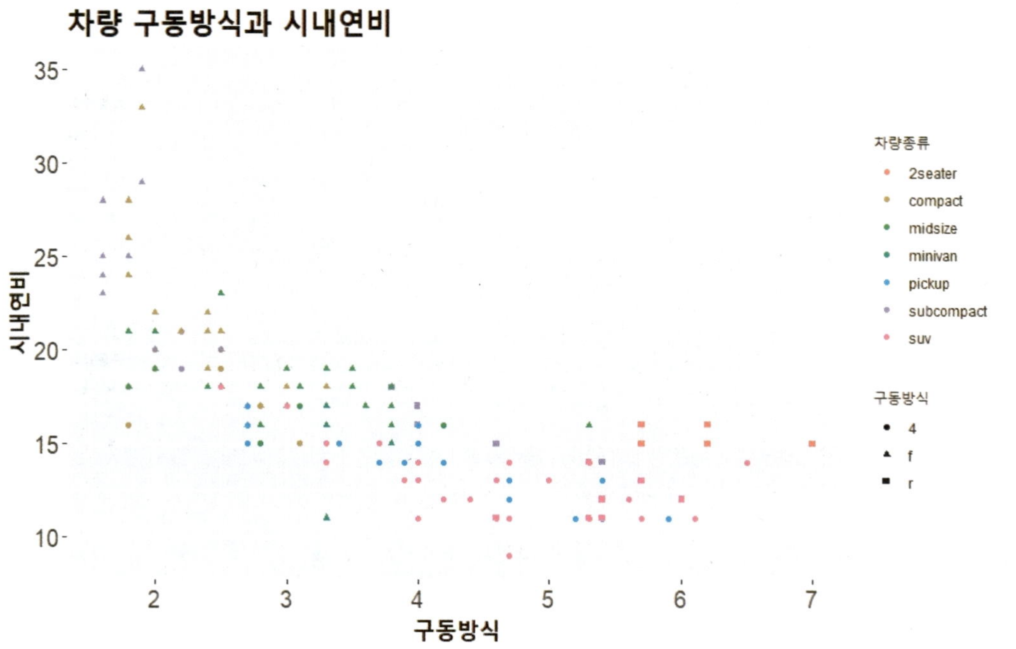

▶ 제목위치 정렬 : 제목을 가운데 정렬하고 싶으면 hjust=0.5를 추가한다. 좌측정렬은 0, 가운데 정렬은 0.5, 오른쪽 정렬은 1이다.

```
theme(plot.title = element_text(hjust=0.5))
```

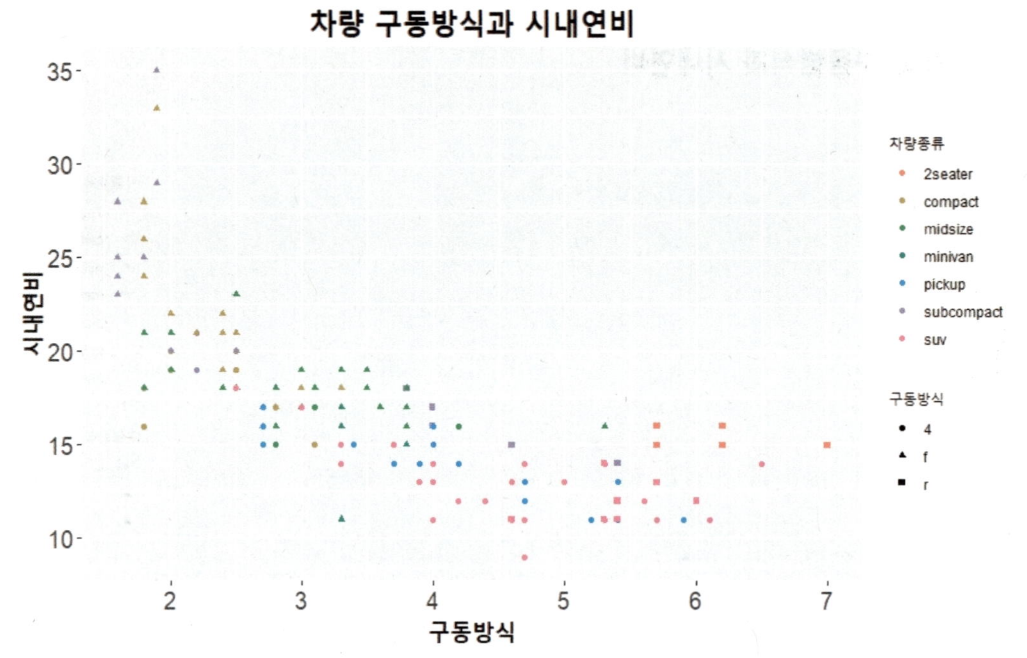

▶ 제목의 수평, 수직적인 위치 조정 : 아래와 같이 hjust, vjust를 조금씩 조정하면 된다.

```
theme(plot.title = element_text(vjust=-5, hjust=0.1))
```

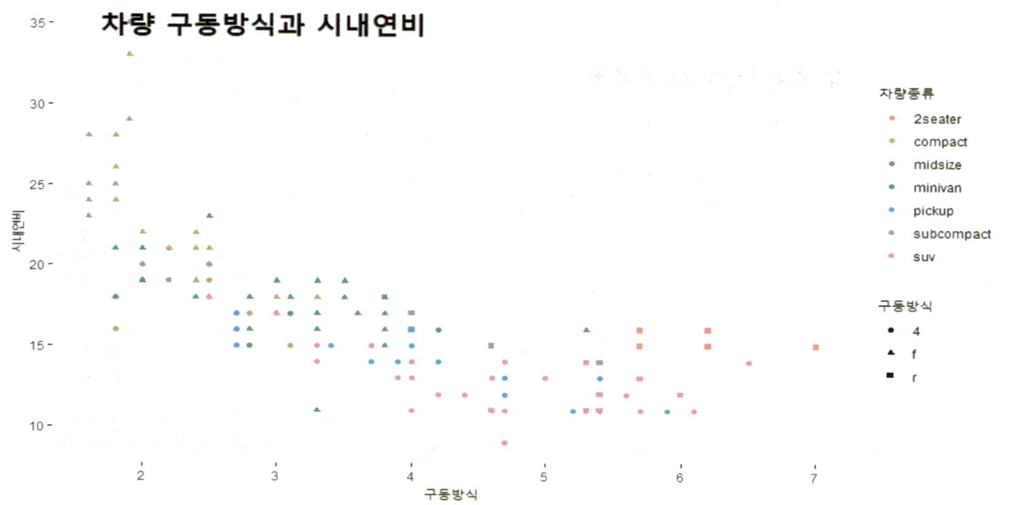

▶ 수직선 추가 : 그래프에 수직선을 추가하려면 geom_vline() 함수를 이용할 수 있다. 구동방식의 평균값에 수직의 빨간색 점선을 그리는 방법은 아래와 같다.

```
geom_vline(xintercept=mean(mpg$displ), color="red", linetype=2)
```

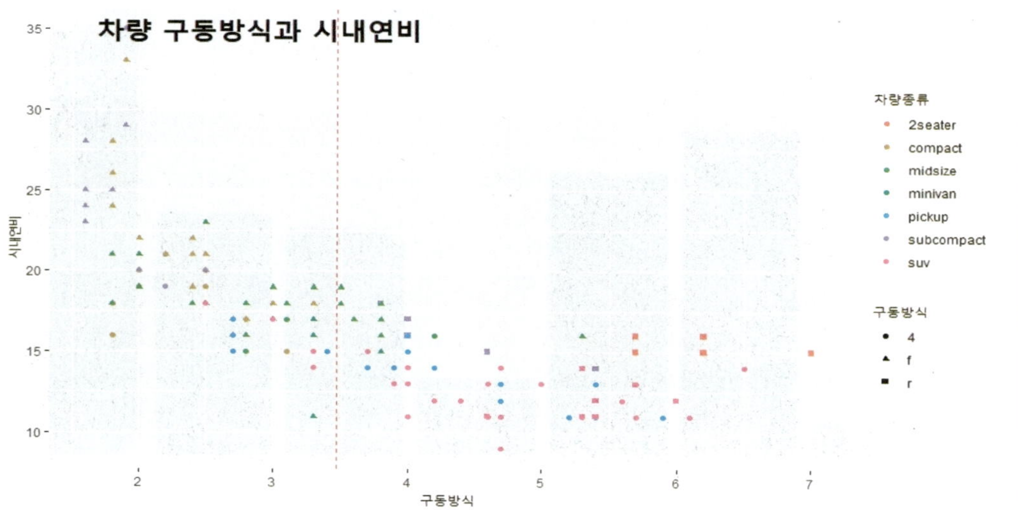

▶ 수평선 추가 : 그래프에 수평선을 추가하려면 geom_hline() 함수를 이용하면 된다. y축 값 20을 기준으로 수평선을 그리는 방법은 아래와 같다.

```
geom_hline(yintercept=20, color="red", linetype=2)
```

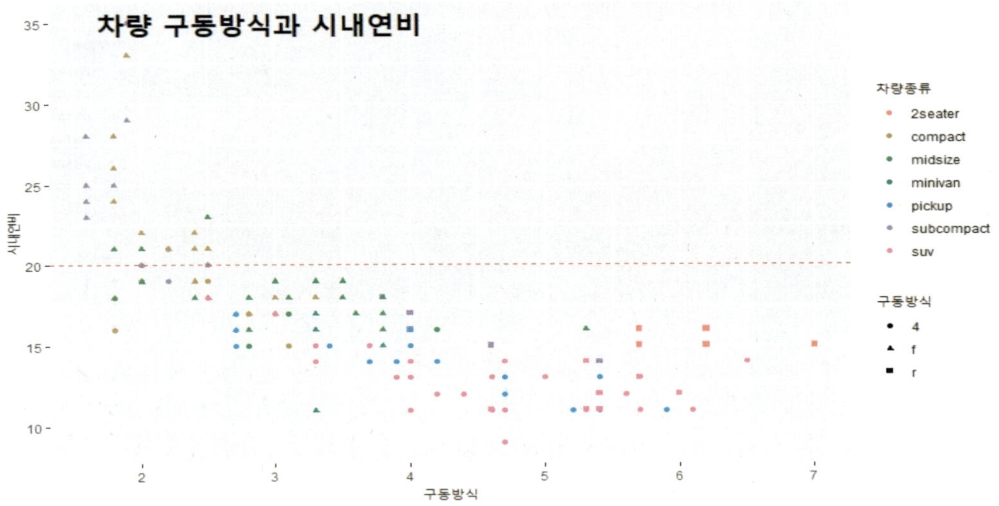

▶ 막대 그래프 그리기 : 차량 class에 대한 막대 그래프를 그리려면 geom_bar() 함수를 추가하면 된다.

```
ggplot(mpg, aes(class)) + geom_bar()
```

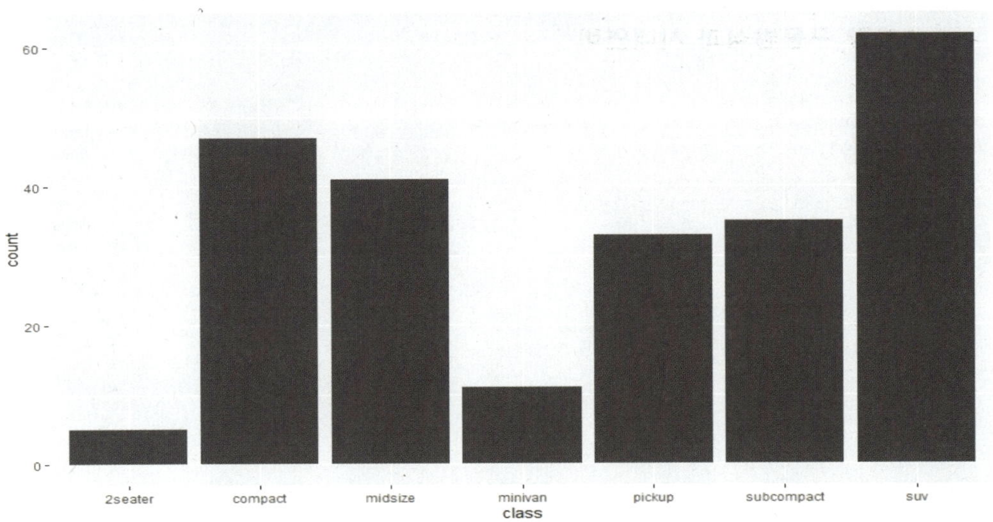

▶ 또 class별 구동방식(drv)을 구분하여 아래와 같이 색깔로 채워 구분할 수도 있다.

```
ggplot(mpg, aes(class)) + geom_bar(aes(fill=drv))
```

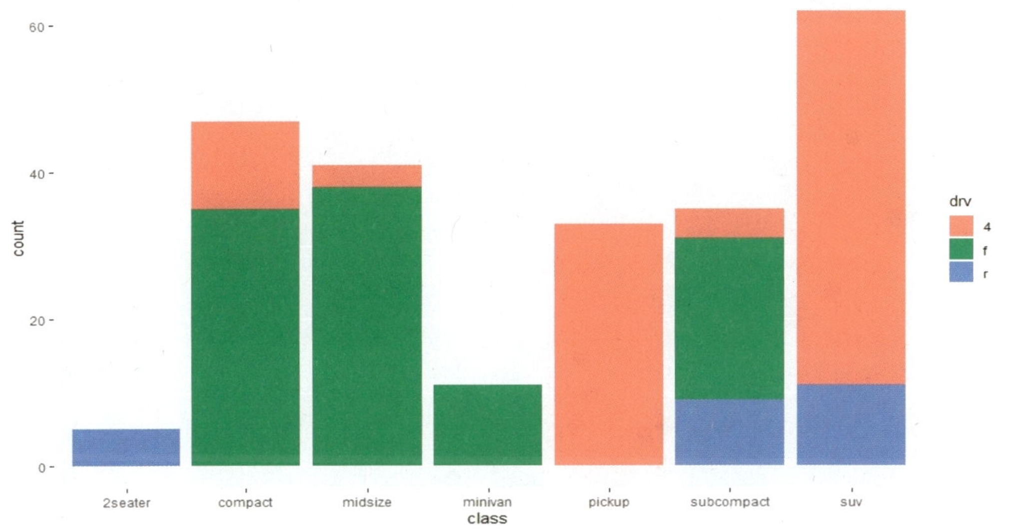

▶ **히트맵(Heat map) 산점도 그리기** : 히트맵 산점도를 그리기 위해 R에서 기본으로 제공하는 mtcars 데이터셋을 활용해보기로 하겠다. 이는 1974년 미국 모터 트렌드 잡지에서 발췌한 것으로, 연료 소비량과 32대의 자동차 디자인 및 성능의 10가지 측면을 포함하고 있다.

```
? mtcars
```

```
A data frame with 32 observations on 11 (numeric) variables.
[, 1]   mpg    Miles/(US) gallon
[, 2]   cyl    Number of cylinders
[, 3]   disp   Displacement (cu.in.)
[, 4]   hp     Gross horsepower
[, 5]   drat   Rear axle ratio
[, 6]   wt     Weight (1000 lbs)
[, 7]   qsec   1/4 mile time
[, 8]   vs     Engine (0 = V-shaped, 1 = straight)
[, 9]   am     Transmission (0 = automatic, 1 = manual)
[,10]   gear   Number of forward gears
[,11]   carb   Number of carburetors
```

• 자동차 무게(wt)와 연비(mpg)를 각각 x, y축으로 그리고 엔진배기량(disp)별로 색상을 달리하는 히트맵을 그리면 다음과 같다. 색상은 원하는 색을 지정할 수 있다.

```
ggplot(data=mtcars, mapping=aes(x=wt, y=mpg, color=disp)) +
  geom_point(size=5) +
  scale_color_gradient(low="green", high="blue")
```

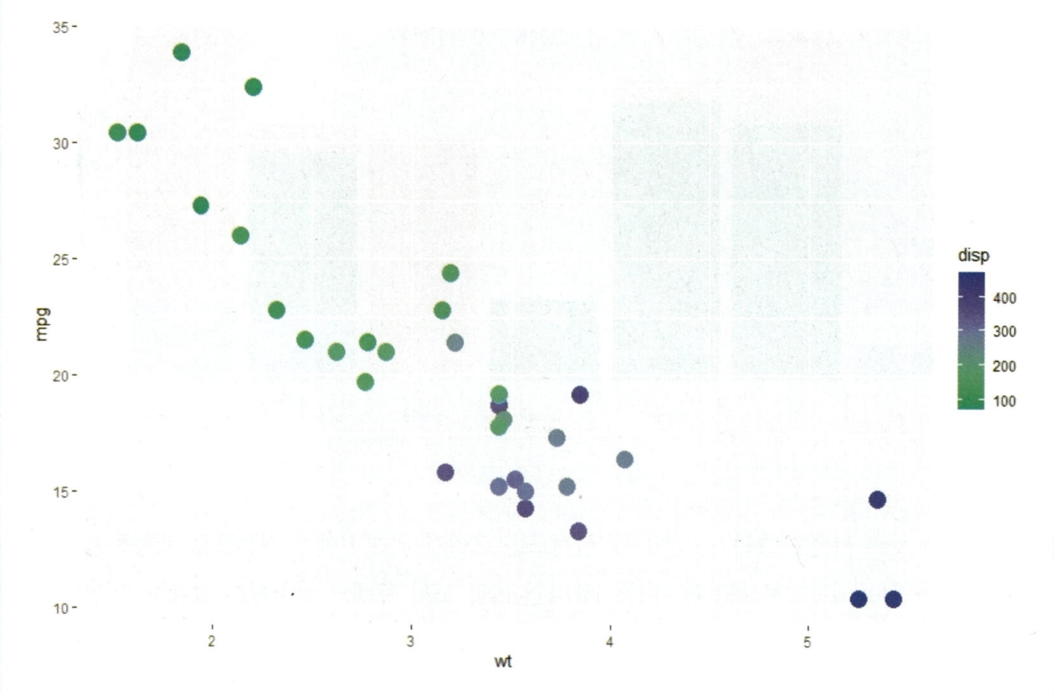

▶ 산점도 크기 조정 : 그래프에 그려지는 원의 상대적인 크기를 달리하여 표현할 수도 있다. 이때는 scale_size_continuous() 함수를 이용하는데, 크기의 범위는 range=c(1,10)으로 하고 원의 색은 노란색, 테두리 색은 검정색으로 표현해보면 다음과 같다.

```
ggplot(data=mtcars, mapping=aes(x=wt, y=mpg, size=disp)) +
  geom_point(shape=21, color="black", fill="yellow") +
  scale_size_continuous(range=c(1,10))
```

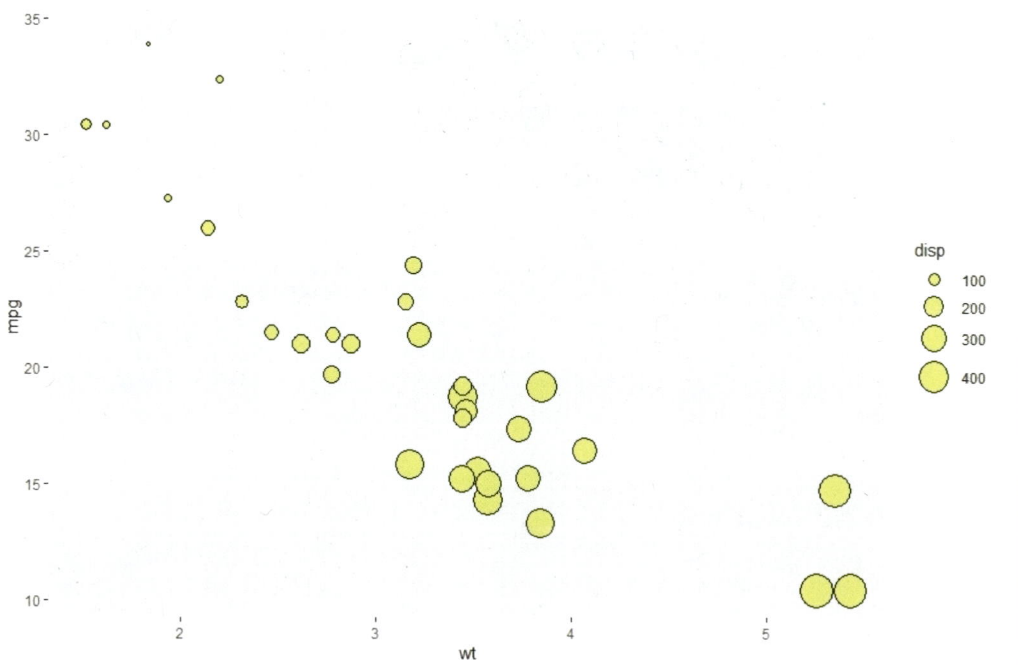

▶ y축 변경 : 간혹 y축을 반대로 배열해야 할 경우가 발생한다. 이럴 경우에는 `scale_y_reverse()` 함수를 추가하면 된다.

```
scale_y_reverse()
```

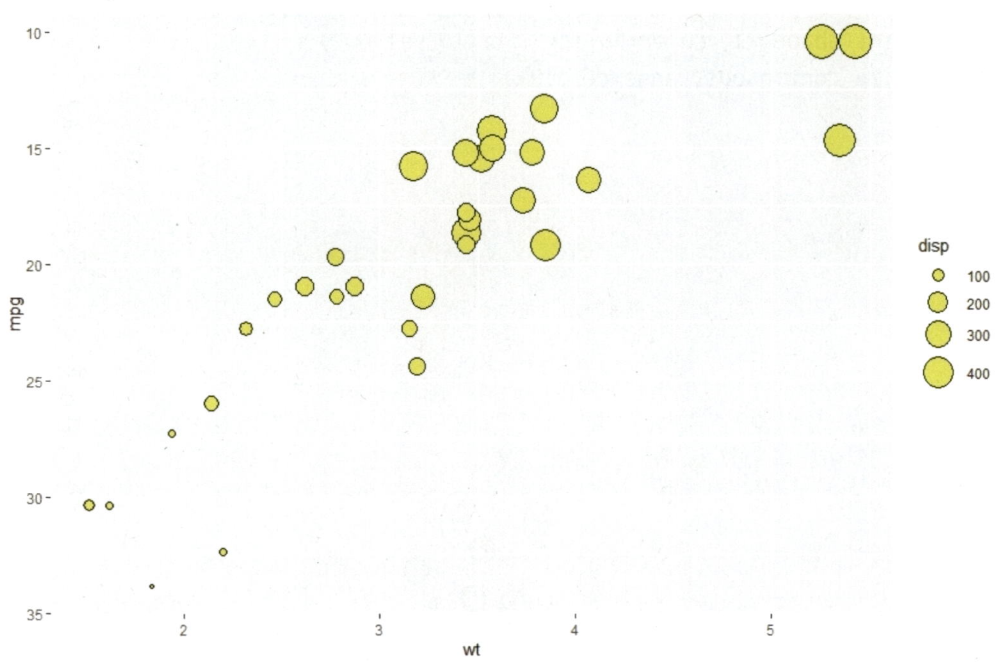

▶ x, y축 범위 변경 : y축 범위를 변경하려면 `scale_y_continuous()` 함수 내에 limits=c(범위)를 추가하면 된다. y축 범위를 0~40으로 설정하면 아래와 같다.

```
scale_y_continuous(limits=c(0,40))
```

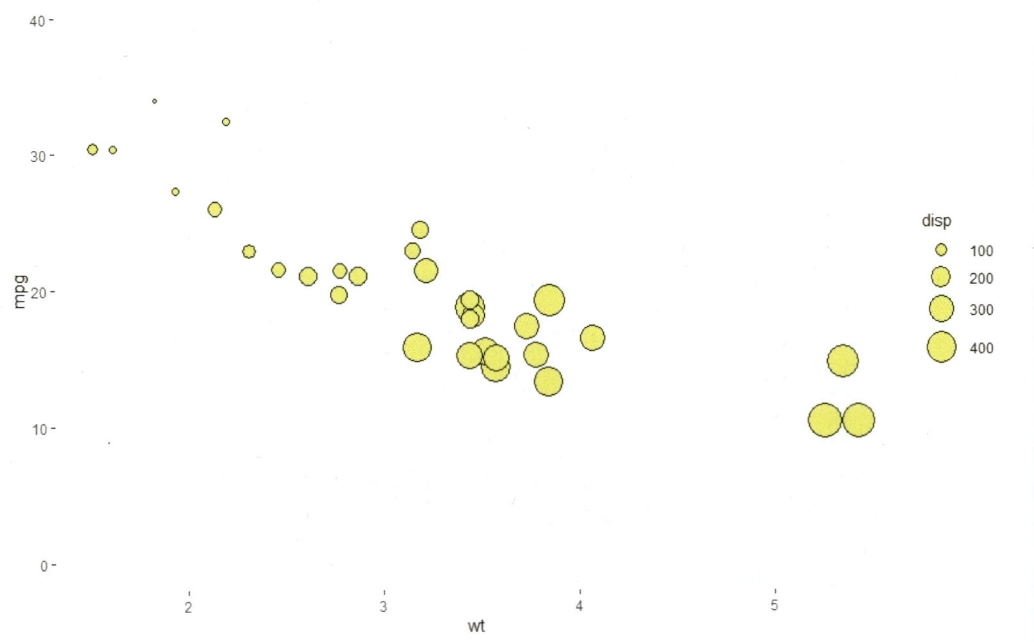

▶ ColorBrewer에서 제공하는 색상을 사용할 경우에는 `scale_color_distiller()`나 `scale_fill_distiller()` 함수를 이용하면 되며, ggplot2에서는 이 외에도 다양한 그래프 형태와 그리기 옵션을 제공하고 있으므로 필요한 부분이 있다면 관련 함수 사용법을 찾아 적용함으로써 더욱 세련된 결과를 얻을 수 있을 것이다.

Appendix 부록

R 기초 활용

1 패키지 설치 및 활용

CRAN에는 수많은 R 패키지들이 등록되어 있으므로 다음과 같이 설치하여 활용할 수 있다. "oce"라는 패키지를 설치해보자.

```
> install.packages("oce")
```

이 패키지를 활성화하기 위해서는 다음과 같은 명령이 필요하다.

```
> library("oce") 혹은 require("oce")
```

이제 oce 패키지가 제대로 구동되고 있는지 search () 명령어로 확인해보자.

```
> search()
 [1] ".GlobalEnv"        "package:oce"       "package:gsw"       "tools:rstudio"     "package:stats"     "package:graphics"
 [7] "package:grDevices" "package:utils"     "package:datasets"  "package:methods"   "Autoloads"         "package:base"
```

2 벡터(vector) 생성 및 활용

① c() 함수 이용

```
> x <- c(1, 3, 5, 7)
> x
[1] 1 3 5 7
> n <- c('Byun', 'Kim', 'Park')
> n
[1] "Byun"  "Kim"  "Park"
```

② seq() 함수 이용

사용방법 : seq(초기값, 최종값, by=증가값)

1부터 10까지 1씩 증가하는 수열을 만들어보자.

```
> x <- seq(1, 10, by=1)
> x
 [1] 1  2  3  4  5  6  7  8  9  10
```

10부터 1까지 1씩 감소하는 수열을 만들어보자.

```
> x <- seq(10, 1, by = -1)
> x
 [1] 10  9  8  7  6  5  4  3  2  1
```

③ rep() 함수 이용

사용방법 : rep(벡터값, times=n) 혹은 rep(벡터값, n)

어떤 수를 반복적으로 생성해보자.

```
> rep( c(1, 2), times=3 )
[1] 1 2 1 2 1 2
> x <- c(1, 2); rep(x, 3)
[1] 1 2 1 2 1 2
```

2 기타 자료

데이터에서 사용되는 아래와 같은 형태의 자료를 알아보자.

종류	의미
NA	결측치
NaN	0/0
Inf	0으로 나눈 수, 즉 ∞
NULL	원소가 없음

NA는 결측치를 표시하며, NA와의 모든 연산 결과는 NA가 된다.

```
> x <- c(1, NA, 2)
> x
[1]  1  NA  2
```

```
> x+1
[1]  2 NA  1  3
```

NaN은 "Not A Number"의 약자로서 0/0 및 Inf/Inf, Inf*0 등의 결과를 나타낸다. 다음은 Inf와 NaN이 발생시키고 연산한 예이다.

```
> x <- c(1, -1, 0, Inf)
> y <- x/0; y
[1]  Inf -Inf  NaN  Inf
> c(1, 2, -Inf, Inf) / y      # Inf와 NaN로 나눈 값
[1]  0  0  NaN  NaN
> y*0                         # Inf와 NaN에 0을 곱한 값
[1] NaN NaN NaN NaN
```

NaN의 모든 연산은 NaN, 어떤 값을 Inf로 나누면 0, Inf*0은 NaN이 된다.

NULL은 다음과 같이 어떤 원소도 할당하지 않았을 때의 개념이다.

```
> x <- c()
> x
NULL
```

3 행렬의 생성

※ R에서 각종 함수의 사용 확인방법 : help(함수명) 또는 ? 함수명

① dim() 함수 이용

사용방법 : M = n*m(행*열)

아래와 같이 벡터(M)를 만들어보자.

```
> M <- c(1, 2, 3, 4)
> M
[1] 1 2 3 4
```

다음으로 dim() 함수를 이용하여 2행×2열의 행렬을 만들어보자.

```
> dim(M) <- c(2, 2)
> M
     [,1] [,2]
[1,]    1    3
[2,]    2    4
```

행렬에 이름을 넣으려면 아래와 같이 하면 된다.

```
> rownames (M) <- c('A', 'B')
> colnames (M) <- c('1열', '2열')
> M
   1열  2열
A    1    3
B    2    4
```

② matrix() 함수 이용

사용방법 : matrix(벡터형 자료, nrow, ncol, byrow, dimnames)

* nrow : 행의 길이, ncol : 열의 길이,
  byrow : 행렬 원소의 순서(FALSE : 위 → 아래, TRUE : 좌 → 우),
  dimnames : 각 행과 열의 이름

```
> X <- matrix(1:6, nrow = 3, ncol = 2, byrow = FALSE)
> X
     [,1]  [,2]
[1,]    1     4
[2,]    2     5
[3,]    3     6
```

③ array() 함수 이용

사용방법 : array(벡터형 자료, dim=c(차원))

아래와 같이 2×2×3 크기의 배열을 생성해보자.

```
> A <- array (1:12, dim=c(2,2,3))
> A
, , 1                           # Array A의 첫 번째
     [,1]  [,2]
[1,]    1     3
[2,]    2     4
```

```
> A
, , 2                          # Array A의 두 번째
      [,1]   [,2]
[1,]     5      7
[2,]     6      8

> A
, , 3                          # Array A의 세 번째
      [,1]   [,2]
[1,]     9     11
[2,]    10     12
```

각 항목을 선택적으로 출력하는 방법은 아래와 같다.

```
> A [, , 1]                         # Array A의 첫 번째
      [,1]   [,2]
[1,]     1      3
[2,]     2      4

> A [, , 2]                         # Array A의 두 번째
      [,1]   [,2]
[1,]     5      7
[2,]     6      8

> A [, , 3]                         # Array A의 세 번째
      [,1]   [,2]
[1,]     9     11
[2,]    10     12
```

4 데이터프레임

데이터프레임(data frame)은 표 형태의 변수와 데이터로 구성된 일종의 리스트이다.

① data.frame 함수 이용

사용방법 : data.frame(같은 길이의 자료)

다음과 같이 데이터프레임으로 작성해보자.

```
# 사용할 데이터 (이름, 성별, 키, 나이)
# 최근 R 버전에서는 "<-" 대신 "="을 사용해도 된다.

> name = c('김씨', '박씨', '이씨')
> gender = c('남', '남', '여')
> height = c(185, 170, 160)
> age = c(30, 40, 20)

# 데이터프레임 생성
> X = data.frame(name, gender, height, age)
> X
  name   gender   height   age
1 김씨       남      185    30
2 박씨       남      170    40
3 이씨       여      160    20
```

② data frame의 항목 불러오기

다음과 같이 데이터프레임(X) 뒤에 "$"를 붙여 원하는 항목을 불러올 수 있다.

```
> X$name[1]
[1] "김씨"


> X$height[1]
[1] 185
```

```
> X$age[1]
[1] 30
```

③ data frame의 항목 변경

다음과 같이 박씨의 나이를 바꾸어보자.

```
> X$age[2] = 50          # 두 번째 사람(박씨)의 나이를 50으로 변경

> X

  name   gender   height   age
1 김씨       남      185    30
2 박씨       남      170    50
3 이씨       여      160    20
```

다음과 같이 이름과 키만 출력해보자.

```
# X의 1, 3번째 열(이름과 키)만 출력

> X[ , c(1, 3)]
  name   height
1 김씨      185
2 박씨      170
3 이씨      160
```

- 키(height) 전체 제거하기

```
> X = X[-3]
> X
  name   gender   age
1 김씨       남    30
2 박씨       남    50
3 이씨       여    20
```

• 키(height) 항목 다시 추가하기

```
> X$height = c(185, 170, 160)
> X

  name   gender  age  height
1 김씨       남   30     185
2 박씨       남   50     170
3 이씨       여   20     160
```

④ data frame의 정보 확인(summary)

Summary 함수를 이용하면 기초 통계 자료를 확인할 수 있다.

```
> summary(X)

     name               gender                 age            height
Length:3           Length:3            Min.    : 20.00   Min.    : 160.0
Class : character  Class : character   1st Qu. : 25.00   1st Qu. : 165.0
Mode  : character  Mode  : character   Median  : 30.00   Median  : 170.0
                                       Mean    : 33.33   Mean    : 171.7
                                       3rd Qu. : 40.00   3rd Qu. : 177.5
                                       Max.    : 50.00   Max.    : 185.0
```

str 함수를 이용하면 데이터의 구조를 확인할 수 있다.

```
> str(X)

'data.frame':  3 obs. of  4 variables:
 $ name   : chr  "김씨" "박씨" "이씨"
 $ gender: chr   "남"   "남"   "여"
 $ age    : num   30     50     20
 $ height: num  185    170    160
```

※ write.table, read.table 함수 : 데이터프레임을 저장하고 불러올 수 있다.

5 조건문(if)

조건문을 사용하는 예는 다음과 같다.

① if 구문

```
a = 1
if (a > 0) {
        print ('양수')
}

[1] "양수“
```

② if-else 구문

```
a = -1
if (a < 0) {
        print ('음수')
} else {
        print ('음수아님')
}

print (a)
```

③ if-else if-else 구문(점수에 따른 학점 부여)

```
score = 90
if (score >= 90) {
        print('A')

} else if (score >= 80) {
        print('B')
} else if (score >= 70) {
        print('C')
}
```

6 반복문(for 문)

반복문을 사용하는 예는 다음과 같다.

01 반복문을 이용하여 1부터 10까지 더하는 프로그램은 아래와 같다.

```
x = 0
for (i in 1:10) {
     x = x + i
}
     print(x)
```

02 next 구문을 만나면 바로 다음 반복 단계로 넘어간다. 1부터 10까지 홀수만 더하는 프로그램은 아래와 같다.

```
sum = 0

for (i in 1:10) {
  if (i%%2==0) next      # 홀수만 더하기
  sum = sum + i
  print(sum)             # 중간과정 출력
}
  print(sum)             # 최종결과 출력
```

7 R 기본 그래픽

① R에 내장된 기본 그래픽 함수

함수	기능
plot(벡터)	1차원 산점도
plot(벡터, 벡터)	2차원 산점도
barplot(빈도값 벡터)	막대 그래프(범주형 빈도 그래프)
hist(벡터)	히스토그램(연속형 빈도 그래프)
pie(빈도값 벡터)	원 그래프
boxplot(벡터)	상자그림
mosiacplot(행렬)	분할표 그림
stars(행렬)	스타차트
pairs(행렬)	쌍별 산포도
curve(함수, 좌단, 우단)	1차원 함수 그래프
persp(x축 자료, y축 자료, z축 자료)	2차원 함수 그래프

	그래픽 장치 열기
그래픽 창을 열기	x11(), windows()
그래픽 파일 열기	postscript(), pdf(), png(), jpeg(), bmp(), bitmap() 등

	그래픽 관리함수
dev.new()	새 그래픽 장치 열기
dev.off()	현재 그래픽 장치를 닫음

② plot() 함수 이용

사용방법 : plot(x, type= 'l', col = 'red', lwd = 1, pch=11, ...)

구 분	기능
main = '제목'	그래픽의 제목을 상단에 출력
sub = '부제목'	그래픽의 부제목을 제목 아래에 출력
xlab = '레이블'	x-축의 레이블을 출력
ylab = '레이블'	y-축의 레이블을 출력

ann = FALSE	축의 레이블을 표시하지 않는다.(xlab="", ylab=""과 같은 효과)
tmag = 숫자	제목 등의 문자의 확대율을 지정한다.
cex = 1	마커의 크기를 지정한다.
lwd = 1	선의 두께를 지정한다.
bg = 'white'	배경색을 지정한다.
las = 0	0 : 축의 레이블을 축과 나란히 그린다.
	1 : 축의 레이블을 모두 수평으로 그린다.
	2 : 축의 레이블을 축에 대해 수직으로 그린다.
	3 : 축의 레이블을 모두 수직으로 그린다.

구분	기능
log = 'x', 'y', ''	순서대로, x-축, y-축, 양축에 로그를 취한다.
xlim = c(a, b)	x-축의 범위를 (a,b) 사이로 지정한다.
ylim = c(a, b)	y-축의 범위를 (a,b) 사이로 지정한다.
axes = FALSE	축의 생성을 억제한다.

구분	모양	구분	모양
pch = 0	□	pch = 13	⊗
pch = 1	○	pch = 14	⍌
pch = 2	△	pch = 15	■
pch = 3	+	pch = 16	●
pch = 4	×	pch = 17	▲
pch = 5	◇	pch = 18	◆
pch = 6	▽	pch = 19	●
pch = 7	⊠	pch = 20	•
pch = 8	*	pch = 21	○
pch = 9	plus diamond	pch = 22	□
pch = 10	⊕	pch = 23	◇
pch = 11	✡	pch = 24	△
pch = 12	⊞	pch = 25	▽

구분	기능
col = 1 혹은 'black'	검정
col = 2 혹은 'red'	빨강
col = 3 혹은 'green'	초록
col = 4 혹은 'blue'	파랑
col = 5 혹은 'cyan'	사이언
col = 6 혹은 'magenta'	마젠타
col = 7 혹은 'yellow'	노랑
col = 8 혹은 'gray'	회색

구분	기능
type = 'p'	연결선 없이 점만 플롯(디폴트)
type = 'l'	점 없이 연결선만 플롯
type = 'b'	점과 선을 플롯
type = 'c'	'b'에서 점을 지움
type = 'o'	점과 선을 중첩해서 플롯
type = 'h'	x-축에서 점까지의 수직선 플롯
type = 's'	계단 그림 출력(왼쪽 값 기준)
type = 'S'	계단 그림 출력(오른쪽 값 기준)
type = 'n'	축만 그리고 점들을 플롯하지 않음

구분	기능
lty = 0 혹은 'blank'	투명선
lty = 1 혹은 'solid'	실선
lty = 2 혹은 'dashed'	대시선
lty = 3 혹은 'dotted'	도트선
lty = 4 혹은 'dotdash'	도트와 대시선
lty = 5 혹은 'longdash'	긴 대시선
lty = 6 혹은 'twodash'	2개의 대시선

③ boxplot 함수 이용

boxplot()은 데이터 자료의 상자 그림을 그려준다.

사용방법 : boxplot(연속형 변수), boxplot(연속형 변수 ~ 범주형 변수)

앞서 활용했던 아래의 데이터프레임 자료(X)를 이용하여 그림을 그려보도록 하자.

```
# 사용할 데이터 (이름, 성별, 키, 나이)

> name = c('김씨', '박씨', '이씨')
> gender = c('남', '남', '여')
> height = c(185, 170, 160)
> age = c(30, 50, 20)

# 데이터프레임 생성
> X = data.frame(name, gender, height, age)
> X
  name  gender  height  age
1 김씨      남     185   30
2 박씨      남     170   50
3 이씨      여     160   20
```

• 그림 예시

```
> windows(); boxplot(X$age, main='나이')
```

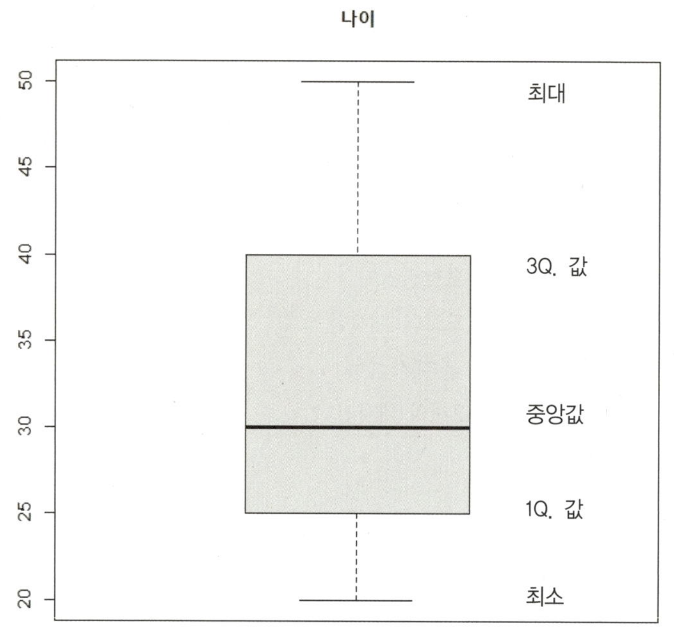

위의 boxplot chart에 나타나는 값은 아래의 summary() 함수로 출력된 값을 참조하면 된다.

```
> summary(X$age)
   Min. 1st Qu.  Median    Mean 3rd Qu.    Max. 
  20.00   25.00   30.00   33.33   40.00   50.00 
```

boxplot 함수에 사용되는 기타 요소는 아래와 같다.

구분	기능
col, width	상자의 색상과 폭을 지정한다.
names	각 막대의 레이블을 벡터로 지정한다.
range	수염의 길이를 지정한다. 디폴트는 1.5
notch	TURE이면 상자의 허리를 가늘게 한다. 디폴트는 FALSE
horizontal	TRUE이면 상자를 수평으로 플롯한다.
pars=list(boxwex=0.8, staplewex=0.5, outwex=0.5)	boxwex, staplewex, outwex는 각각 상자의 크기, 수염의 길이, 이상치까지의 거리를 나타낸다.

④ 기타 참고할 함수

함수	기능
points()	점 그리기 추가
lines()	선 그리기 추가
abline()	지정된 직선 그리기 추가
segment()	선분 그리기 추가
arrows()	화살표 그리기 추가
rect()	사각형 그리기 추가
text()	테두리 내 문자열 추가
mtext()	테두리 밖 문자열 추가
title()	제목과 부제목 추가
box()	테두리 꾸밈
axis()	좌표축 그리기 추가
polygon()	다각형 추가
legend()	범례표 추가

| 찾아보기 |

국문

영문

| 저자약력 |

변상신

변상신 교수(ssbyun2@gmail.com)는 해군사관학교 해양학과를 졸업한 후 성균관대학교에서 해양공학 석사과정을 마쳤으며, 서울대학교에서 해양물리학 박사학위를 취득하였다. 박사과정 중 미국 Woods Hole 해양연구소 초청을 받아 Guest Student 자격으로 Special Physical Oceanography Seminar에서 준관성주기 내부파 관련 연구내용을 단독 발표하였고, 한국해양학회로부터 전국에서 단 1명에게 수여하는 최우수 박사학위 논문상(특별학술상 삼각상)을 수상하기도 하였다. 해군 함정병과 장교로서 고속정 정장, 편대장, 해양정보단 대잠분석평가과장, 해양정보함 함장 등 주요 직책을 두루 거치며 학문과 현장 경험을 겸비하였다. 현재는 해군사관학교에서 해양학과 교수로 재직하며 후학 양성에 힘쓰고 있다.

R 해양 빅데이터 분석

2023년 2월 10일 1판 1쇄 인쇄
2023년 2월 15일 1판 1쇄 발행

저 자 | 변상신
발행인 | 이수영
발행처 | 도서출판 청람
서울시 마포구 독막로 288(대흥동, 세양상가 109호)
전 화 | 02)3272-2601~2
팩 스 | 02)3272-2603
이메일 | crbooks@daum.net
홈페이지 | http://www.crbooks.co.kr
등 록 | 2000년 8월 26일 제6-0509호

ISBN 978-89-5972-921-0 93310 [정가 20,000원]